薩摩 順吉・藤原 毅夫・三村 昌泰・四ツ谷 晶二　編集

理工系の数理

確率・統計

岩佐 学・薩摩 順吉・林 利治
共　著

東京　裳　華　房　発行

PROBABILITY AND STATISTICS

by

MANABU   IWASA
JUNKICHI   SATSUMA
TOSHIHARU   HAYASHI

SHOKABO
TOKYO

編　集　趣　旨

　数学は科学を語るための重要な言葉である．自然現象や工学的対象をモデル化し解析する際には，数学的な定式化が必須である．そればかりでない．社会現象や生命現象を語る際にも，数学的な言葉がよく使われるようになってきている．そのために，大学においては理系のみならず一部の文系においても数学がカリキュラムの中で大きな位置を占めている．

　近年，初等中等教育で数学の占める割合が低下するという由々しき事態が生じている．数学は積み重ねの学問であり，基礎課程で一部分を省略することはできない．着実な学習を行って，将来数学が使いこなせるようになる．

　21世紀は情報の世紀であるともいわれる．コンピュータの実用化は学問の内容だけでなく，社会生活のあり方までも変えている．コンピュータがあるから数学を軽視してもよいという識者もいる．しかし，情報はその基礎となる何かがあって初めて意味をもつ．情報化時代にブラックボックスの中身を知ることは特に重要であり，数学の役割はこれまで以上に大きいと考える．

　こうした時代に，将来数学を使う可能性のある読者を対象に，必要な数学をできるだけわかりやすく学習していただけることを目標として刊行したのが本シリーズである．豊富な問題を用意し，手を動かしながら理解を進めていくというスタイルを採った．

　本シリーズは，数学を専らとする者と数学を応用する者が協同して著すという点に特色がある．数学的な内容はおろそかにせず，かつ応用を意識した内容を盛り込む．そのことによって，将来のための確固とした知識と道具を身に付ける助けとなれば編者の喜びとするところである．読者の御批判を仰ぎたい．

　2004年10月

　　　　　　　　　　　　　　　　　　　　　　　　　　　　編　　者

まえがき

　この本は，大学1, 2年生が予備知識なしに，確率の基礎理論とさまざまな統計手法を身につけられるように執筆された入門書である．

　近年，統計学やデータ科学など，データに基づいて推測や判断をする学問の社会的ニーズがこれまで以上に高まっている．以前は手間がかかっていたデータ解析も，コンピュータのアプリを使えば簡単におこなえるようになった．こうした状況のもと，高等学校の統計教育はより充実したものとなり，大学での教育もより高度なものになってきている．高度な統計処理が容易にできるようになった現在，処理の背後にある理論の中身を正しく理解することが肝要である．

　この本では，データハンドリングや確率の基本概念を解説したのちに，さまざまな統計手法を紹介するとともに，例題を通してそれらの使い方を説明している．さらに，例題に続く問題や章末の練習問題を手を動かして解くことにより，背後にある理論の理解に結びつくような構成にした．本書を学ぶことにより，統計およびその基礎となる確率の概念を正しく理解し，応用に活かせるようになることを著者として強く期待するところである．

　本書では，読者がつまずいたり，放置したままになるような事柄に対して，簡単な解説を加え，読者の「なぜ？」に答えるようにした．たとえば，「$\bar{x}$は"エックスバー"と読む」といったようなコメントを加えたり，標準偏差がデータの広がりを表すことを例により詳しく説明するといった工夫をしている．また，例題の一部では【解】に書き込み用の空欄を設けたり，バスケットボールのフリースローや通学時間など身近な例を用いた解説をおこなったりして，できるだけ楽しく学べるよう配慮した．

　なお，数値の計算では，基本的に有効桁数が3〜4桁になるよう四捨五入している．得られる数値は計算のどの段階で四捨五入するかによって若干異

なる．ただ，その違いは本質的でなく，問題の解答などに書かれている値と読者自身が計算した値が少し異なっていても，必ずしも間違いではないので，気にせず読み進めてほしい．

　本書の構成は以下の通りである．第1章では，平均や分散などを用いたデータのまとめ方を説明する．第2章から第4章では，統計理論の基礎となる確率や確率変数，確率分布を解説する．統計的推測の対象である母集団と，推測のために母集団からとり出すサンプルについては第5章で学ぶ．第6章では推定と検定の基本的な考え方を概説し，第7章で正規母集団や0-1母集団に対する推定と検定を解説する．続く第8章ではその他さまざまな検定を学ぶ．最後の第9章では最小2乗法について解説する．

　おおまかにいうと，第1章から第5章までの前半が統計的な考え方を学ぶための基礎であり，第6章以降の後半はその応用である．前半と後半を，初等統計の1年間の講義とすることができるが，半年間の講義に本書を利用する場合には，第1章から第6章までをおこなうのが妥当であろう．

　この本の完成には非常に長い時間がかかった．本シリーズの編著である四ツ谷晶二氏からは有益な御教示をいただいた．すでに退職された裳華房編集部の細木周治氏は，原稿をずっと根気よく待ってくださった．また，同編集部の久米大郎氏からは，原稿に関するご意見やご助言をたくさんいただいた．そうしたご努力により，本書が読みやすくなった．深く感謝する次第である．

　最後に，本書の例題や問題の一部，掲載した図の多くと巻末の数表を作る際，統計解析用のフリーソフト R (https://www.R-project.org/) を利用したことを付記しておく．

2018年10月

著　者

目　　次

- ● 区間推定，検定にかかわる重要事項のまとめ　………… xi

第1章　データハンドリング

1.1　度数分布表とヒストグラム　…………………………… 2
1.2　1次元データのまとめ方　………………………………… 4
　　1.2.1　平均，分散，標準偏差　……………………………… 4
　　1.2.2　1次式によるデータの変換と平均，分散，標準偏差　12
　　1.2.3　度数分布表から平均，分散，標準偏差を求める方法　15
1.3　2次元データのまとめ方　………………………………… 18
　　1.3.1　共分散と相関係数　…………………………………… 18
　　1.3.2　1次式によるデータの変換と共分散，相関係数　…… 25
第1章　練習問題　……………………………………………… 27

第2章　確率とその性質

2.1　事象と確率　……………………………………………… 30
2.2　確率の性質　……………………………………………… 33
2.3　条件付き確率　…………………………………………… 38
第2章　練習問題　……………………………………………… 45

第3章　離散型確率変数と確率分布

3.1　確率変数と確率分布　…………………………………… 48
3.2　期待値と分散　…………………………………………… 51
3.3　多次元確率分布　………………………………………… 55

3.4　二項分布 ……………………………………………………… 65

   3.5　ポアソン分布 ………………………………………………… 71

   第3章 練習問題 …………………………………………………… 73

第4章　連続型確率変数と確率分布

   4.1　確率変数と確率分布 ………………………………………… 76

   4.2　期待値と分散 ………………………………………………… 79

   4.3　チェビシェフの不等式 ……………………………………… 82

   4.4　大数の法則と中心極限定理 ………………………………… 84

   4.5　正規分布 ……………………………………………………… 88

   4.6　多次元確率分布 ……………………………………………… 96

   第4章 練習問題 …………………………………………………… 101

第5章　母集団とサンプル

   5.1　母集団 ………………………………………………………… 104

   5.2　サンプル(標本) ……………………………………………… 108

   5.3　標本平均の分布 ……………………………………………… 116

   5.4　標本分散の分布 ……………………………………………… 120

   5.5　正規分布に関連する分布 …………………………………… 127

   第5章 練習問題 …………………………………………………… 136

   補足 ………………………………………………………………… 137

第6章　推定と検定

   6.1　点推定 ………………………………………………………… 140

   6.2　区間推定 ……………………………………………………… 143

   6.3　検定 …………………………………………………………… 146

第 6 章 練習問題 ……………………………………………… 153

第 7 章　母平均，母分散，母比率の推定と検定

7.1　母平均の推定と検定 ……………………………………… 156
7.2　母分散の推定と検定 ……………………………………… 160
7.3　母比率の推定と検定 ……………………………………… 166
第 7 章 練習問題 ……………………………………………… 173

第 8 章　いろいろな検定

8.1　母平均の差の検定 ………………………………………… 176
8.2　母分散の比の検定 ………………………………………… 185
8.3　適合度検定 ………………………………………………… 187
8.4　独立性の検定 ……………………………………………… 193
8.5　相関係数の検定 …………………………………………… 196
第 8 章 練習問題 ……………………………………………… 198

第 9 章　最小 2 乗法と回帰直線

9.1　散布図と回帰モデル ……………………………………… 202
9.2　回帰直線の推定方法（最小 2 乗法） …………………… 204
第 9 章 練習問題 ……………………………………………… 211

問題解答 …………………………………………………………… 213
付表
  1. 標準正規分布表 ……………………………………………… 227
  2. t 分布表 …………………………………………………… 228
  3. χ^2 分布表 ……………………………………………… 229

4. F 分布表(1) 230

5. F 分布表(2) 231

索引 232

ギリシャ文字一覧

大文字	小文字	読み方	大文字	小文字	読み方
A	α	アルファ	N	ν	ニュー
B	β	ベータ，ビータ	Ξ	ξ	グザイ，グジー
Γ	γ	ガンマ	O	o	オミクロン
$\varDelta$	δ	デルタ	Π	π, ϖ	パイ
E	ε, ϵ	イプシロン	P	ρ, ϱ	ロー
Z	ζ	ゼータ，ツェータ	Σ	σ, S	シグマ
H	η	イータ，エータ	T	τ	タウ
Θ	θ, ϑ	シータ，テータ	Υ	υ	ウプシロン
I	ι	イオタ	Φ	φ, ϕ	ファイ
K	κ	カッパ	X	χ	カイ
Λ	λ	ラムダ	Ψ	ψ	プサイ，プシー
M	μ	ミュー	Ω	ω	オメガ

区間推定，検定にかかわる重要事項のまとめ

これから学んでいく確率，統計の重要事項のうち，区間推定と検定にかかわるものを以下にまとめておく．1つの章を読み終えたときなどに，このまとめをうまく活用して，ふり返るとよい．

● データの平均，分散，共分散 （📖 第1章）

1次元データ $x_1, \cdots, x_n$ や2次元データ $(x_1, y_1), \cdots, (x_n, y_n)$ について

平均 $\bar{x} = \dfrac{1}{n}(x_1 + \cdots + x_n) = \dfrac{1}{n}\sum_{k=1}^{n} x_k$ (1.1)(p.5)

データ $x_1, \cdots, x_n$ を代表する値として用いられる．

分散 $s_x^2 = \dfrac{1}{n}\{(x_1 - \bar{x})^2 + \cdots + (x_n - \bar{x})^2\} = \dfrac{1}{n}\sum_{k=1}^{n}(x_k - \bar{x})^2$ (1.4)(p.7)

分散公式 $s_x^2 = \dfrac{1}{n}(x_1^2 + \cdots + x_n^2) - \bar{x}^2 = \dfrac{1}{n}\sum_{k=1}^{n} x_k^2 - \bar{x}^2$ 定理1.2(p.10)

標準偏差 $s_x = \sqrt{\dfrac{1}{n}\sum_{k=1}^{n}(x_k - \bar{x})^2} = \sqrt{分散}$ (1.5)(p.7)

データ $x_1, \cdots, x_n$ の広がりの程度を表す． 注意3(p.10)

共分散 $s_{xy} = \dfrac{1}{n}\{(x_1 - \bar{x})(y_1 - \bar{y}) + \cdots + (x_n - \bar{x})(y_n - \bar{y})\}$

$= \dfrac{1}{n}\sum_{k=1}^{n}(x_k - \bar{x})(y_k - \bar{y})$ (1.17)(p.18)

共分散公式 $s_{xy} = \dfrac{1}{n}(x_1 y_1 + \cdots + x_n y_n) - \bar{x}\bar{y} = \dfrac{1}{n}\sum_{k=1}^{n} x_k y_k - \bar{x}\bar{y}$ 定理1.5(p.18)

相関係数 $r_{xy} = \dfrac{s_{xy}}{\sqrt{s_x^2}\sqrt{s_y^2}} = \dfrac{s_{xy}}{s_x s_y}$ $\quad -1 \leq r_{xy} \leq 1$ (1.19)(p.22), 定理1.6(p.23)

x_k, y_k の直線的な関係の強さを表す．

データの1次式の平均，分散，標準偏差や共分散，相関係数

データ x_k, u_k の間に $x_k = bu_k + a$ が，
データ y_k, v_k の間に $y_k = dv_k + c$ が成り立つとき，

$\bar{x} = b\bar{u} + a \quad s_x^2 = b^2 s_u^2 \quad s_x = bs_u \quad (b > 0)$ 定理1.3(p.12)
$s_{xy} = bd s_{uv} \quad r_{xy} = r_{uv} \quad (b > 0, d > 0)$ 定理1.7(p.25)

標準化　$z_k = \dfrac{x_k - \bar{x}}{s_x} = \dfrac{(k\text{番目の数値}) - (\text{平均})}{(\text{標準偏差})}$　$\bar{z} = 0$　$s_z^2 = 1$　(1.13) (p.14), 問題 4 (p.15)

● 確率変数の期待値，分散，共分散と独立性　(📖 第 3, 4 章)

X, Y を確率変数とする．

期待値　$E[X]$　X の代表的な値として用いられる．

◆ 離散型確率変数 X について，
$$E[X] = x_1 p(x_1) + \cdots + x_n p(x_n) = \sum_{i=1}^{n} x_i p(x_i)$$　(3.3) (p.52)

ただし，$x_1, \cdots, x_n$ はとりうる値，$p(x) = P(X = x)$

◆ 連続型確率変数 X について，$f(x)$ を確率密度関数として，
$$E[X] = \int_{-\infty}^{\infty} x f(x)\, dx$$　(4.6) (p.79)

分散　$V[X] = E[(X - E[X])^2]$　(3.7) (p.54), (4.11) (p.80)

分散公式　$V[X] = E[X^2] - \{E[X]\}^2$　(3.8) (p.55), 注意 4 (p.81)

標準偏差　$\sqrt{V[X]}$　X の確率分布の広がりの程度を表す．　(3.7) (p.54) の下

共 分 散　$Cov(X, Y) = E[(X - E[X])(Y - E[Y])]$　(3.19) (p.61)

共 分 散 公 式　$Cov(X, Y) = E[XY] - E[X]E[Y]$　(3.20) (p.62)

相関係数　$\rho(X, Y) = \dfrac{Cov(X, Y)}{\sqrt{V(X)}\sqrt{V(Y)}}$, $-1 \le \rho(X, Y) \le 1$　(3.22) (p.64), (3.23) (p.64)

X, Y の直線的な関係の強さを表す．

X, Y の独立性
◆ 2 つの離散型確率変数 X, Y が独立
$P(X = x, Y = y) = P(X = x)P(Y = y)$　(3.14) (p.58)

◆ 2 つの連続型確率変数 X, Y が独立
$f(x, y) = f_X(x) f_Y(y)$　(4.30) (p.97)

X, Y の 1 次式の期待値，分散　a, b, c を定数，X, Y を確率変数とする．

$E[aX + b] = aE[X] + b$　(3.6) (p.54)
$E[X + Y] = E[X] + E[Y]$　(3.17) (p.61)
$V[aX + b] = a^2 V[X]$　(3.9) (p.55)
X, Y が独立のとき　$V[X + Y] = V[X] + V[Y]$　(3.21) (p.63)
$E[aX + bY + c] = aE[X] + bE[Y] + c$
X, Y が独立のとき
$V[aX + bY + c] = a^2 V[X] + b^2 V[Y]$　第 3 章 練習問題 5 (p.73)

標準化　$Z = \dfrac{X - E[X]}{\sqrt{V[X]}} \left(= \dfrac{(\text{確率変数}) - (\text{期待値})}{(\text{標準偏差})} \right)$　$E[Z] = 0$　$V[Z] = 1$　(4.14) (p.82)

区間推定，検定にかかわる重要事項のまとめ

● 二項分布，正規分布 （📖 第3, 4章）

（Ⅰ）$X \sim B(n, p)$ のとき
- $P(X = x) = {}_nC_x\, p^x(1-p)^{n-x}, \quad x = 0, 1, 2, \cdots, n$ 　　定理3.1 (p.70)
- $E[X] = np, \quad V[X] = np(1-p)$ 　　定理3.1 (p.70)
- n が大きいとき，$\dfrac{\sqrt{n}}{\sqrt{p(1-p)}}\left(\dfrac{X}{n} - p\right) \sim N(0, 1)$ 　　定理4.2 (p.87)　問題5 (p.87)

（Ⅱ）$X \sim N(\mu, \sigma^2)$ のとき
- 確率密度関数　$f(x) = \dfrac{1}{\sqrt{2\pi}\,\sigma}\, e^{-\frac{(x-\mu)^2}{2\sigma^2}}$ 　　(4.23) (p.90)
- $E[X] = \mu, \quad V[X] = \sigma^2$
- a, b を定数として，$aX + b \sim N(a\mu + b, a^2\sigma^2)$ 　　(4.24) (p.90)
- 標準化　$Z = \dfrac{X - \mu}{\sigma} \sim N(0, 1)$

（Ⅲ）X, Y は独立，$X \sim N(\mu_X, \sigma_X^2), \ Y \sim N(\mu_Y, \sigma_Y^2)$ のとき
- 再生性　$X + Y \sim N(\mu_X + \mu_Y, \sigma_X^2 + \sigma_Y^2)$ 　　定理4.3 (p.99)

● 重要な統計量とその分布 （📖 第5章）

（Ⅰ）正規母集団 $N(\mu, \sigma^2)$ からサイズ n のサンプルをとり出す．標本平均を $\bar{X}$，標本分散を S^2 で表す (p.114)．また，不偏分散を V で表す (p.122)．

- 標本平均について，$\bar{X} \sim N\!\left(\mu, \dfrac{\sigma^2}{n}\right)$ である（定理5.4 (p.118)）．

  （a）$\bar{X}$ を標準化して，次を得る（定理5.4 (p.118)）．
  $$Z = \dfrac{\bar{X} - \mu}{\sqrt{\sigma^2/n}} \sim N(0, 1)$$

  （b）さらに，分母の σ^2 を V でおき替えると，
  $$T = \dfrac{\bar{X} - \mu}{\sqrt{V/n}} = \dfrac{\bar{X} - \mu}{\sqrt{S^2/(n-1)}} \sim t_{n-1}$$
  となる（定理5.7 (p.130)）．

  なお，Z は σ^2 が既知のときの，T は未知のときの母平均 μ の区間推定（第6, 7章）などに利用される．

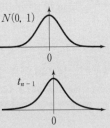

- 標本分散 S^2，不偏分散 V を少し変形して，
  $$\dfrac{nS^2}{\sigma^2} = \dfrac{(n-1)V}{\sigma^2} \sim \chi_{n-1}^2$$
  が成り立つ（定理5.6 (p.126)）．これは，母分散 σ^2 の区間推定（第7章）などに利用される．

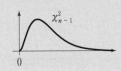

(II) 2つの正規母集団 $N(\mu_1, \sigma_1^2)$, $N(\mu_2, \sigma_2^2)$ から,独立にサイズ m, n のサンプルをとり出す.それぞれの不偏分散を V_X, V_Y とする.このとき,帰無仮説 $H_0 : \sigma_1^2 = \sigma_2^2$ の下で,不偏分散の比は

$$F_0 = \frac{V_X}{V_Y} \sim F_{(m-1),(n-1)}$$

である(定理 5.8 (p.134),例題 5.14 (p.135)).
これを利用して,$H_0 : \sigma_1^2 = \sigma_2^2$ の検定(第 8 章)ができる.

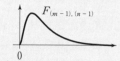

標語的に,
- ◆ $\bar{X}$ を標準化して $N(0,1)$.さらに,σ^2 を V でおき替えて t_{n-1}
- ◆ S^2, V を変形して χ_{n-1}^2
- ◆ H_0 の下で,不偏分散の比は $F_{(m-1),(n-1)}$

● 区間推定のまとめ (📖 第 6, 7 章)

(I) 正規母集団 $N(\mu, \sigma^2)$ における区間推定
　γ は信頼度,n はサンプルサイズとする.また,$\bar{x}$ は標本平均の実現値とし,s^2 は標本分散の実現値とする.

◆ 母平均 μ の信頼区間
(a) 母分散 σ^2 が既知の場合　　　　　　　　　　　　　　定理 6.1 (p.145)

$$\bar{x} - z\left(\frac{1-\gamma}{2}\right)\sqrt{\frac{\sigma^2}{n}} < \mu < \bar{x} + z\left(\frac{1-\gamma}{2}\right)\sqrt{\frac{\sigma^2}{n}}$$

(b) 母分散 σ^2 が未知の場合　　　　　　　　　　　　　　定理 7.1 (p.157)

$$\bar{x} - t_{n-1}\left(\frac{1-\gamma}{2}\right)\sqrt{\frac{s^2}{n-1}} < \mu < \bar{x} + t_{n-1}\left(\frac{1-\gamma}{2}\right)\sqrt{\frac{s^2}{n-1}}$$

◆ 母分散 σ^2 の信頼区間　　　　　　　　　　　　　　　定理 7.3 (p.163)

$$\frac{ns^2}{\chi_{n-1}^2\left(\frac{1-\gamma}{2}\right)} < \sigma^2 < \frac{ns^2}{\chi_{n-1}^2\left(\frac{1+\gamma}{2}\right)}$$

(II) 0-1 母集団における区間推定
　γ は信頼度,n はサンプルサイズ,$\hat{p}$ は標本比率の実現値とする.

◆ 母比率 p の信頼区間(n が十分大きい場合)　　　　　定理 7.5 (p.170)

$$\hat{p} - z\left(\frac{1-\gamma}{2}\right)\sqrt{\frac{\hat{p}(1-\hat{p})}{n}} < p < \hat{p} + z\left(\frac{1-\gamma}{2}\right)\sqrt{\frac{\hat{p}(1-\hat{p})}{n}}$$

● 検定のまとめ

α は有意水準とし，検定統計量を表す文字に対応する小文字は，実現値を表す．

（Ⅰ）正規母集団 $N(\mu, \sigma^2)$ における検定　　　　　　　　（📖 第6, 7章）

n はサンプルサイズ，$\bar{X}$ は標本平均，S^2 は標本分散，V は不偏分散とする．

◆ $H_0 : \mu = \mu_0$ の検定

σ^2 が既知か未知かに応じて，以下の検定方法（a），（b）を使い分ける．

方法（a）（σ^2 が既知の場合に用いる）　　　　　　定理6.2（p.151）

検定統計量と H_0 の下での分布	対立仮説	棄却域
$Z_0 = \dfrac{\bar{X} - \mu_0}{\sqrt{\sigma^2/n}} \sim N(0, 1)$	$H_1 : \mu > \mu_0$	$z_0 \geq z(\alpha)$
	$H_1 : \mu < \mu_0$	$z_0 \leq -z(\alpha)$
	$H_1 : \mu \neq \mu_0$	$|z_0| \geq z(\alpha/2)$

方法（b）（σ^2 が未知の場合に用いる）　　　　　　定理7.2（p.159）

検定統計量と H_0 の下での分布	対立仮説	棄却域
$T_0 = \dfrac{\bar{X} - \mu_0}{\sqrt{V/n}} = \dfrac{\bar{X} - \mu_0}{\sqrt{S^2/(n-1)}}$ $\sim t_{n-1}$	$H_1 : \mu > \mu_0$	$t_0 \geq t_{n-1}(\alpha)$
	$H_1 : \mu < \mu_0$	$t_0 \leq t_{n-1}(\alpha)$
	$H_1 : \mu \neq \mu_0$	$|t_0| \geq t_{n-1}(\alpha/2)$

◆ $H_0 : \sigma^2 = \sigma_0^2$ の検定　　　　　　　　　　定理7.4（p.165）

検定統計量と H_0 の下での分布	対立仮説	棄却域
$W_0 = \dfrac{nS^2}{\sigma_0^2} \sim \chi_{n-1}^2$	$H_1 : \sigma^2 > \sigma_0^2$	$w_0 \geq \chi_{n-1}^2(\alpha)$
	$H_1 : \sigma^2 < \sigma_0^2$	$w_0 \leq \chi_{n-1}^2(1-\alpha)$
	$H_1 : \sigma^2 \neq \sigma_0^2$	$w_0 \geq \chi_{n-1}^2(\alpha/2)$, $w_0 \leq \chi_{n-1}^2(1-\alpha/2)$

（Ⅱ）0-1母集団における検定　　　　　　　　　　　　　　　（📖 第7章）

p は母比率，$\widehat{P}$ は標本比率，n はサンプルサイズとする．

◆ $H_0 : p = p_0$ の検定　（n が十分大きい場合）　　定理7.6（p.171）

検定統計量と H_0 の下での分布	対立仮説	棄却域
$Z_0^* = \dfrac{\sqrt{n}}{\sqrt{p_0(1-p_0)}}(\widehat{P} - p_0)$ $\sim N(0, 1)$	$H_1 : p > p_0$	$z_0^* \geq z(\alpha)$
	$H_1 : p < p_0$	$z_0^* \leq -z(\alpha)$
	$H_1 : p \neq p_0$	$|z_0^*| \geq z(\alpha/2)$

(Ⅲ) 2つの正規母集団 $N(\mu_1, \sigma_1^2)$, $N(\mu_2, \sigma_2^2)$ の比較に関する検定　　（📖 第8章）
第1の母集団 $N(\mu_1, \sigma_1^2)$ からとり出すサイズ m のサンプルの標本平均を $\bar{X}$, 標本分散を S_X^2, 不偏分散を V_X とし, 第2の母集団 $N(\mu_2, \sigma_2^2)$ からとり出すサイズ n のサンプルの標本平均を $\bar{Y}$, 標本分散を S_Y^2, 不偏分散を V_Y とする.

◆ $H_0 : \mu_1 = \mu_2$ の検定
　σ_1^2, σ_2^2 が既知かや m, n が十分大きいかに応じて, 検定方法を使い分ける.

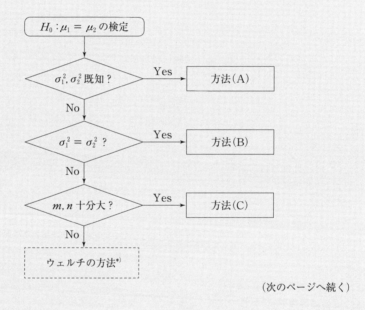

（次のページへ続く）

---

*) ウェルチの方法はこの本の範囲を越える. 詳しくは, 稲葉太一 著『数理統計学入門』日科技連出版社(2016年)の12.3節を参照するとよい.

◆ $H_0 : \mu_1 = \mu_2$ の検定 （前のページからの続き）

方法(A) （σ_1^2, σ_2^2 が既知の場合に用いる）　　　　　　定理 8.1 (p. 178)

検定統計量と H_0 の下での分布	対立仮説	棄却域
$Z_0 = \dfrac{\bar{X} - \bar{Y}}{\sqrt{\sigma_1^2/m + \sigma_2^2/n}}$ $\sim N(0, 1)$	$H_1 : \mu_1 > \mu_2$	$z_0 \geq z(\alpha)$
	$H_1 : \mu_1 < \mu_2$	$z_0 \leq -z(\alpha)$
	$H_1 : \mu_1 \neq \mu_2$	$|z_0| \geq z(\alpha/2)$

方法(B) （σ_1^2, σ_2^2 は未知だが，等しい場合に用いる）　　定理 8.2 (p. 181)

検定統計量と H_0 の下での分布	対立仮説	棄却域
$T_0 = \dfrac{\bar{X} - \bar{Y}}{\sqrt{V(1/m + 1/n)}}$ $\sim t_{m+n-2}$	$H_1 : \mu_1 > \mu_2$	$t_0 \geq t_{m+n-2}(\alpha)$
	$H_1 : \mu_1 < \mu_2$	$t_0 \leq -t_{m+n-2}(\alpha)$
	$H_1 : \mu_1 \neq \mu_2$	$|t_0| \geq t_{m+n-2}(\alpha/2)$

ただし，$V = \dfrac{(m-1)V_X + (n-1)V_Y}{(m-1)+(n-1)} = \dfrac{mS_X^2 + nS_Y^2}{m+n-2}$

方法(C) （m, n が十分大きい場合に用いる）　　　　　　定理 8.3 (p. 183)

検定統計量と H_0 の下での分布	対立仮説	棄却域
$\tilde{Z}_0 = \dfrac{\bar{X} - \bar{Y}}{\sqrt{V_X/m + V_Y/n}}$ $\stackrel{.}{\sim} N(0, 1)$	$H_1 : \mu_1 > \mu_2$	$\tilde{z}_0 \geq z(\alpha)$
	$H_1 : \mu_1 < \mu_2$	$\tilde{z}_0 \leq -z(\alpha)$
	$H_1 : \mu_1 \neq \mu_2$	$|\tilde{z}_0| \geq z(\alpha/2)$

◆ $H_0 : \sigma_1^2 = \sigma_2^2$ の検定　　　　　　　　　　　　　　定理 8.4 (p. 185)

検定統計量と H_0 の下での分布	対立仮説	棄却域
$F_0 = \dfrac{V_X}{V_Y} \sim F_{(m-1),(n-1)}$	$H_1 : \sigma_1^2 > \sigma_2^2$	$f_0 \geq F_{(m-1),(n-1)}(\alpha)$
	$H_1 : \sigma_1^2 < \sigma_2^2$	$f_0 \leq F_{(m-1),(n-1)}(1-\alpha)$
	$H_1 : \sigma_1^2 \neq \sigma_2^2$	$f_0 \geq F_{(m-1),(n-1)}(\alpha/2)$, $f_0 \leq F_{(m-1),(n-1)}(1-\alpha/2)$

第1章

データハンドリング

　実験や調査などをくり返して得られたデータは，普通，たくさんの数値の集まりであり，単にながめても，価値ある情報を見つけだすことはむずかしい．そこで，データをわかりやすい形に整理することが第1歩となる．具体的には，データをグラフで表したり，平均や標準偏差などのデータの特性を表す量にまとめたりする．
　このようなデータのとり扱いをデータハンドリングといい，統計的な解析の基礎となる．まずは，このデータハンドリングから学んでいこう．

1.1 度数分布表とヒストグラム

度数分布表　バスケットボールの初心者 18 人にフリースロー (2 投) をしてもらった．1 ゴールを 1 点として，2 投の合計得点は

　　　　2, 0, 0, 1, 0,　2, 0, 1, 0, 1,　0, 0, 1, 2, 1,　1, 1, 0

となった．このような数値 (データ) を得たとき，そのままでは特徴をとらえることはむずかしい．たとえば，得点 1 が何度あったかさえ，すぐにはわかりにくい．そのようなとき，得点 0, 1, 2 が，それぞれ何度あったか (**度数**という) を次のような**度数分布表**にまとめるとよい．

表 1.1　フリースロー (2 投) での得点の度数分布表

得 点	0	1	2	計
度 数	8	7	3	18

初めに示した 2 投の合計得点のデータはゴールの回数のデータでもある．このような，何かが起きる回数を数えて得られるデータは非負整数値である．

一方，長さや時間などを測定して得られるデータは，非負整数値に限らず負の数や小数値などさまざまな値をとる．そうしたデータについては，下の例題のように，データの最小値と最大値を含む範囲をいくつかの区間 (**階級**という) に分け，それぞれの階級に含まれるデータの個数 (度数) を数えて，度数分布表を作るとよい．なお，その際，各階級に含まれるデータを代表する値として**階級値**も書いておく．階級値は各階級の中央の値 (階級の両端の値の平均) である．

例題 1.1

次のデータは，中学生男子 50 人のハンドボール投げの記録である (単位は m で，0.1m まで測定)．このデータから度数分布表を作ろう．

1.1 度数分布表とヒストグラム

20.2	*31.2*	21.3	19.0	20.1	19.1	20.2	23.4	27.0	29.6
20.9	27.5	22.1	22.7	24.9	<u>10.7</u>	22.6	12.1	22.7	19.3
17.8	26.3	19.2	16.1	19.3	20.5	19.8	27.9	19.8	25.2
24.3	23.3	12.6	21.6	20.3	27.8	18.5	*34.2*	15.2	25.5
15.1	*31.3*	23.5	12.2	24.9	20.7	<u>36.0</u>	19.6	19.3	26.2

【解】 データの最小値は 10.7, 最大値は 36.0 である(下線を引いた数値). 少し広めの 10 から 40 を幅 5 の区間に分けて, 次の 6 つの階級を作る.

10 以上 15 未満, 15 以上 20 未満, 20 以上 25 未満,

25 以上 30 未満, 30 以上 35 未満, 35 以上 40 未満

それぞれの階級に含まれるデータの個数を数えて, 度数分布表を作ると表 1.2 のようになる. □

表 1.2 ハンドボール投げの記録の度数分布表

番 号	1	2	3	4	5	6	計
階 級	以上 未満 10 ～ 15	15～20	20～25	25～30	30～35	35～40	
階級値	12.5	17.5	22.5	27.5	32.5	37.5	
度 数	4	14	19	9	3	1	50

注意 1 度数分布表だけでは, 元となるデータの 1 つ 1 つの値はわからない. そのため, 個々の値が必要なら, 各階級の階級値をその値であるとみなす. たとえば, 上の例題 1.1 で, 5 番目の階級(30 以上 35 未満)には, 32.5 が 3 個含まれているとみなす. 実際は, 31.2, 31.3, 34.2 の 3 個の数値(斜体で記載)が含まれている.

ヒストグラムと度数多角形

ヒストグラムは度数分布表にまとめられたデータを図にしたもので, 各階級を表す区間を横軸上にとり, その上部に度数を高さとする長方形の柱を立てたグラフである. また, 各階級の階級値と度数の組を座標とする点を描き, それらを折れ線で結んだものを**度数多角形**(または度数折れ線)という.

例 1

例題 1.1 のデータについて，図 1.1 がヒストグラムである．また，度数多角形を図 1.2 に描いた．その際，表 1.2 にある 6 個の階級の外側にもう 1 つずつ度数 0 の階級があるとして，度数多角形の折れ線が横軸に達するまで描いた．◆

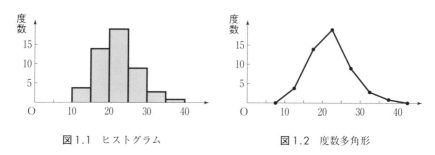

図 1.1　ヒストグラム　　　　　図 1.2　度数多角形

図 1.1，1.2 により，どの付近にどの程度多くデータが集まっているか，つまりデータの分布がひと目でわかる．いいかえると，ヒストグラムや度数多角形により，データの分布をグラフィカルに表すことができる．

1.2　1次元データのまとめ方

フリースローの得点やハンドボール投げの記録など，1 つの数値で表される量を測定して得たデータ $x_1, x_2, \cdots, x_n$ を 1 次元データという．この節では，1 次元データを扱い，データを代表する値として平均を，データの広がりの程度を表す値として標準偏差を定める．また，後者を定める過程で，分散を導入する．さらに，それらの性質や計算方法を説明する．

1.2.1　平均，分散，標準偏差

データは，度数分布表にまとめられていることもあるが，まだそうした加工がされていないデータ $x_1, x_2, \cdots, x_n$ を粗データ，あるいは生データという．まずは，粗データの平均から定めていこう．

1.2 1次元データのまとめ方

平均と偏差 データとして n 個の数値 $x_1, x_2, \cdots, x_n$ を得たとき,それらはいろいろな値をとる.このいろいろな値を1つの値で代表させるとき,次で定める**平均**(mean) $\bar{x}$ がよく用いられる.

$$\text{平均} \quad \bar{x} = \frac{1}{n}(x_1 + x_2 + \cdots + x_n) = \frac{1}{n}\sum_{k=1}^{n} x_k = \frac{\text{データの合計}}{\text{データ数}} \tag{1.1}$$

なお,データ $x_1, x_2, \cdots, x_n$ の平均 $\bar{x}$ を,手短に x の平均ということもある.また,$\bar{x}$ は"エックスバー"と読む.

データ $x_1, x_2, \cdots, x_n$ の中の1つの数値 x_k が平均 $\bar{x}$ よりいくら大きいか(または小さいか)は,差 $x_k - \bar{x}$ で計算できる.これを**偏差**という.

$$\text{偏差} \quad x_k - \bar{x} = (\text{データの中の1つの数値}) - (\text{平均}) \tag{1.2}$$

例題 1.2

あるサッカーチームの1試合のシュート数(6試合分)の記録は

$$x_1 = 14, \quad x_2 = 12, \quad x_3 = 13, \quad x_4 = 20, \quad x_5 = 11, \quad x_6 = 17$$

であった.このデータの平均 $\bar{x}$ を求めよう.さらに,$x_1, x_2, \cdots, x_6$ それぞれの偏差とその和を,空欄を埋めながら求めよう[1]).

【解】 データ $x_1, x_2, \cdots, x_6$ の和は $14 + 12 + \cdots + 17 = 87$ となるので,平均は $\bar{x} = \dfrac{87}{6} = 14.5$ である.また,偏差 $x_k - \bar{x}$ $(1 \leq k \leq 6)$ の値はそれぞれ

$$-0.5, \quad -2.5, \quad -1.5, \quad 5.5, \quad -3.5, \quad \boxed{\text{ア)}}$$

である.偏差の和を,プラスとマイナスの偏差に分けて計算すると,

$$\left(5.5 + \boxed{\text{ア)}}\right) - (0.5 + 2.5 + 1.5 + 3.5) = 8 - \boxed{\text{イ)}} = 0$$

となる.□

---

1) この本には,ところどころに空欄があるので,適切な数値や式などを書き込みながら,読み進めてみよう.なお,空欄に何が入るかは,すぐ後に書かれている.

なお，前ページの【解】の空欄 ア) には 2.5 が，イ) には 8 が入る．

例題 1.2 のデータでは，偏差の和は 0 となった．実は，このことは，どんなデータについても成り立つ．それを次の定理にまとめておこう．

定理 1.1 データ $x_1, x_2, \cdots, x_n$ について，偏差の和は 0，つまり，

$$\sum_{k=1}^{n} (x_k - \bar{x}) = 0 \tag{1.3}$$

である．ただし，$\bar{x}$ は (1.1) で定めた平均である．

【証明】 $\sum_{k=1}^{n} (x_k - \bar{x}) = \sum_{k=1}^{n} x_k - \sum_{k=1}^{n} \bar{x}$ である．右辺第 1 項は，(1.1) より $\sum_{k=1}^{n} x_k = n\bar{x}$ となり，第 2 項は $\sum_{k=1}^{n} \bar{x} = \underbrace{\bar{x} + \bar{x} + \cdots + \bar{x}}_{n \text{個}} = n\bar{x}$ となる．したがって，$\sum_{k=1}^{n} (x_k - \bar{x}) = n\bar{x} - n\bar{x} = 0$ が成り立つ． □

分散と標準偏差 データ $x_1, x_2, \cdots, x_n$ について，偏差 $x_k - \bar{x}$ は，それぞれの数値 x_k が平均 $\bar{x}$ からどの程度離れているかを表す．このことから，n 個の偏差を代表するような標準的な値はデータの広がり，または，ちらばりの程度を表すと考えられる．このような値として，n 個の偏差 $x_1 - \bar{x}, x_2 - \bar{x}, \cdots, x_n - \bar{x}$ の平均を考えたいが，定理 1.1 より，偏差の平均はつねに 0 である．

偏差の和が 0 になる，したがって，偏差の平均も 0 になるのは，プラスの偏差とマイナスの偏差が和をとるときに打ち消し合う (例題 1.2 参照) からである．それを避けるために，偏差を 2 乗してから平均をとることにする．このようにして得られる値をデータ $x_1, x_2, \cdots, x_n$ の**分散** (variance)，または手短に x の分散といい，s_x^2 で表す．

1.2 1次元データのまとめ方

分散
$$s_x^2 = \frac{1}{n}\{(x_1 - \bar{x})^2 + \cdots + (x_n - \bar{x})^2\}$$
$$= \frac{1}{n}\sum_{k=1}^{n}(x_k - \bar{x})^2 = 2乗した偏差の平均 \quad (1.4)$$

さらに，分散のルート（非負の平方根），つまり $\sqrt{s_x^2}$ を**標準偏差**(standard deviation)といい，s_x で表す．

標準偏差
$$s_x = \sqrt{\frac{1}{n}\sum_{k=1}^{n}(x_k - \bar{x})^2} = \sqrt{(分散)} \quad (1.5)$$

なお，標準偏差を s_x で表すので，その2乗となる分散を s_x^2 で表している．

例題 1.3

例題 1.2 のデータの分散 s_x^2 と標準偏差 s_x を求めよう．

【解】 例題 1.2 で求めた偏差の値を2乗して合計すると $\sum_{k=1}^{6}(x_k - \bar{x})^2 = (-0.5)^2 + (-2.5)^2 + (-1.5)^2 + 5.5^2 + (-3.5)^2 + 2.5^2 = 57.50$ となる．したがって，$s_x^2 = \frac{1}{6}\sum_{k=1}^{6}(x_k - \bar{x})^2 = \frac{57.50}{6} \fallingdotseq 9.583$，$s_x = \sqrt{s_x^2} \fallingdotseq 3.096$ となる． □

分散 s_x^2 は2乗した偏差 $(x_k - \bar{x})^2$ の平均である．2乗した偏差は，偏差の大きさ $|x_k - \bar{x}|$ を1辺の長さとする正方形の面積を表す．個々の偏差について，このような正方形を考えると，それらの面積の平均が分散である．したがって，面積が分散 s_x^2 に等しい正方形は，上述の正方形の中間的なサイズとなる．1辺の長さについても同様である．このことを，例題1.2のデータを用いて図で表すと，次のようになる（s_x^2, s_x の値は例題1.3参照）．

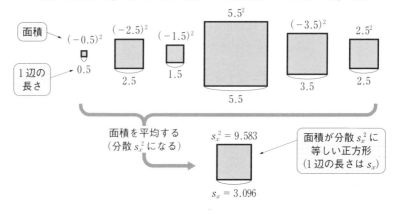

上の説明では，偏差の大きさは正方形の1辺の長さであるが，分散は面積の平均である．1辺の長さに戻すために，分散のルートをとると標準偏差になる．この標準偏差は，大小さまざまな偏差の大きさ $|x_k - \bar{x}|$ の中間的な値であり，2乗すると面積の平均になるので，偏差の大きさを代表するような標準的な値と考えてよい．

注意2 偏差の大きさ(絶対値)を代表する値として偏差の絶対値の平均も考えられる．しかし，場合分けを必要とする絶対値より，2乗の方が数式での扱いが簡単なので，本書では，標準偏差を用いることにする．

標準偏差とデータの広がり データ $x_1, x_2, \cdots, x_n$ の1つ1つの数値 x_k について，偏差の大きさ $|x_k - \bar{x}|$，つまり $\bar{x}$ から x_k までの距離はいろいろな値となる．標準偏差 s_x はこれらの中間的な値であり，標準的な値と考えてよいので，$\bar{x}$ から x_k までの距離は s_x より大きいものも，小さいものもある．$\bar{x}$ からの距離が s_x である値は $\bar{x} \pm s_x$ なので，$\bar{x} - s_x$ から $\bar{x} + s_x$ までの範囲(以降，$\bar{x} \pm s_x$ の範囲と書く)の外にも内にもデータがある．

また，標準的という言葉のイメージから直感的に，n 個の $|x_k - \bar{x}|$ のうち多くが標準的な値 s_x の 2 倍以下であり，ほとんどが 3 倍以下と考えてよいであろう．このことは正しく，実際，データの多くの数値が $\bar{x} \pm 2s_x$ の範囲内にあり，ほとんどが $\bar{x} \pm 3s_x$ の範囲内にあることが知られている．これらのことを次の 2 つの例で見てみよう．

例 2

例題 1.1 の中学生男子 50 人のハンドボール投げのデータから，平均，標準偏差の値を求めると，それぞれ $\bar{x} \fallingdotseq 22.01, s_x \fallingdotseq 5.358$ となる．図 1.3 は，50 人の記録を ○ で表し，重ならないよう積み上げた図であり，左右両側の矢印 (← ⋯ →) は，$\bar{x} \pm s_x$ の範囲 $(16.65 \sim 27.37)$，$\bar{x} \pm 2s_x$ の範囲 $(11.29 \sim 32.73)$，$\bar{x} \pm 3s_x$ の範囲 $(5.94 \sim 38.08)$ を表している．この図から，例題 1.1 のデータについて上述のことは成り立つ．◆

例 3

小学生男子のソフトボール投げの記録を 50 人分集めた．このデータから求めた平均は $\bar{x} = 23.06$，標準偏差は $s_x = 7.230$ であった．このデータと $\bar{x} \pm ks_x$ の範囲 ($k = 1, 2, 3$ の順に $15.83 \sim 30.29, 8.60 \sim 37.52, 1.37 \sim 44.75$) を，図 1.3 と同様の方法で図示すると図 1.4 になる．$\bar{x} \pm 3s_x$ の範囲外に ○ が 1 つあるが，このデータについても，例 2 と同じく上述のことは成り立つといえる．◆

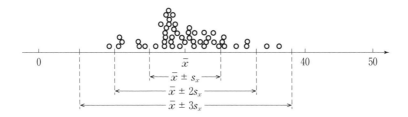

図 1.3 ハンドボール投げのデータと $\bar{x} \pm ks_x$ の範囲 ($k = 1, 2, 3$)

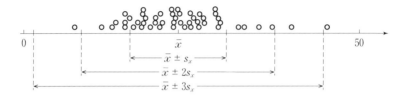

図1.4 ソフトボール投げのデータと $\bar{x} \pm ks_x$ の範囲 ($k = 1, 2, 3$)

注意3 図1.3 ($s_x = 5.358$) と図1.4 ($s_x = 7.230$) を比較すると,標準偏差 s_x の値が大きい図1.4のほうが,平均からのデータの広がりが大きいことが見てとれる.このことから,標準偏差 s_x は,データの広がりの程度を表す値として妥当なものである.

データの数値がすべて等しいとき,データの広がりはないので,$s_x = 0$,したがって,$s_x^2 = 0$ となる.逆に,$s_x = 0$,よって,$s_x^2 = 0$ のとき,データの数値は一定の値となる.これらのことを次の問題1で確かめよう.

問題1 データ $x_1, x_2, \cdots, x_n$ の平均を $\bar{x}$,分散を s_x^2 で表す.
(1) $x_1 = x_2 = \cdots = x_n$ のとき,$s_x^2 = 0$ を確かめよう.
(2) $s_x^2 = 0$ のとき,$x_1 = x_2 = \cdots = x_n$ ($= \bar{x}$) を確かめよう.

分散公式 分散の値を計算するとき,次の**分散公式**を使うことが多い.

定理 1.2(分散公式) データ $x_1, x_2, \cdots, x_n$ の分散 s_x^2 について

$$s_x^2 = \frac{1}{n}(x_1^2 + x_2^2 + \cdots + x_n^2) - \bar{x}^2 = \frac{1}{n}\sum_{k=1}^{n} x_k^2 - \bar{x}^2 \quad (1.6)$$
$$= (2乗の平均) - (平均の2乗)$$

が成り立つ.ただし,$\bar{x} = \dfrac{1}{n}\sum_{k=1}^{n} x_k$ である.

【証明】 $(x_k - \bar{x})^2 = x_k^2 - 2\bar{x}x_k + \bar{x}^2$ なので，

$$s_x^2 = \frac{1}{n}\sum_{k=1}^{n}(x_k - \bar{x})^2 = \frac{1}{n}\sum_{k=1}^{n}x_k^2 - 2\bar{x}\frac{1}{n}\sum_{k=1}^{n}x_k + \bar{x}^2$$

$$= \frac{1}{n}\sum_{k=1}^{n}x_k^2 - \bar{x}^2$$

が成り立つ．なお，2つ目の等号には，$\sum_{k=1}^{n}\bar{x}^2 = n\bar{x}^2$ を用いた． □

例題 1.4

分散公式 (1.6) を用いて，例題 1.2 のデータの分散 s_x^2 を求めよう．

【解】 分散公式を用いるために，データの2乗和が必要となる．これを計算すると，$\sum_{k=1}^{6}x_k^2 = 14^2 + 12^2 + \cdots + 17^2 = 1319$ となる．一方，平均は例題 1.2 で求めてあり，$\bar{x} = 14.5$ であった．よって，分散 s_x^2 は分散公式を用いて

$$s_x^2 = \frac{1}{6}\sum_{k=1}^{6}x_k^2 - \bar{x}^2 = \frac{1319}{6} - 14.5^2 \fallingdotseq 219.833 - 210.25 = 9.583$$

と計算できる．この値は例題 1.3 で求めた分散の値と同じである． □

問題 2 2002 年から 2018 年に開かれた冬季オリンピックで，日本が獲得したメダルの数を下の表にまとめた．メダル獲得数の平均，分散，標準偏差を求めよう．

開催年	2002 年	2006 年	2010 年	2014 年	2018 年
開催地	ソルトレイクシティ	トリノ	バンクーバー	ソチ	ピョンチャン
メダル獲得数	2	1	5	8	13

1.2.2　1次式によるデータの変換と平均，分散，標準偏差

例題 1.4 では，データの2乗和 $\sum_{k=1}^{6} x_k^2$ を計算するときに手間がかかった．この手間は，データを1次式により変換して小さくすることで，減らすことができる．そこで，まず，1次式により変換されたデータの平均や分散，標準偏差と元のデータの平均や分散，標準偏差との関係を定理にまとめておき，続いて，それを利用した平均や分散の計算方法を例題 1.5 で説明しよう．

> **定理 1.3** a, b を定数とし，$b \neq 0$ とする．データ $x_1, x_2, \cdots, x_n$ を
> $$u_k = \frac{x_k - a}{b} \quad (k = 1, 2, \cdots, n) \tag{1.7}$$
> により，あるいは，同等な
> $$x_k = bu_k + a \quad (k = 1, 2, \cdots, n) \tag{1.8}$$
> により $u_1, u_2, \cdots, u_n$ に変換する．このとき，変換前後のデータの平均 $\bar{x}$ と $\bar{u}$ の間には
> $$\bar{x} = b\bar{u} + a \tag{1.9}$$
> が成り立ち，分散 s_x^2 と s_u^2 の間には
> $$s_x^2 = b^2 s_u^2 \tag{1.10}$$
> が成り立つ．さらに，$b > 0$ のとき，標準偏差 s_x と s_u の間には
> $$s_x = bs_u \tag{1.11}$$
> が成り立つ．ただし，$\bar{u} = \dfrac{1}{n} \sum_{k=1}^{n} u_k,\ s_u^2 = \dfrac{1}{n} \sum_{k=1}^{n} (u_k - \bar{u})^2$ である．

【証明】　平均について，(1.8) から

$$\bar{x} = \frac{1}{n} \sum_{k=1}^{n} x_k = \frac{1}{n} \sum_{k=1}^{n} (bu_k + a) = \frac{1}{n} \left\{ b \sum_{k=1}^{n} u_k + na \right\} = b\bar{u} + a$$

が成り立つ．また，偏差は

$$x_k - \bar{x} = (bu_k + a) - (b\bar{u} + a) = b(u_k - \bar{u}) \quad (1.12)$$

となるので，分散について

$$s_x^2 = \frac{1}{n}\sum_{k=1}^{n}(x_k - \bar{x})^2 = \frac{1}{n}\sum_{k=1}^{n}\{b(u_k - \bar{u})\}^2$$
$$= b^2 \times \frac{1}{n}\sum_{k=1}^{n}(u_k - \bar{u})^2 = b^2 s_u^2$$

を得る．さらに，$b > 0$ としてルート($\sqrt{\ }$)をとれば，(1.11)を得る．　□

注意 4 平均 $\bar{x}$, $\bar{u}$ の間の関係(1.9)は x_k, u_k の間の関係(1.8)と同じになる．しかし，分散については，偏差を計算するときに a の影響はなくなり((1.12)参照)，(1.10)のようになる．

例題 1.5

例題1.2のサッカーのシュート数のデータ（下の表1.3にも記載）について，定理1.3を利用して，平均 $\bar{x}$，分散 s_x^2，標準偏差 s_x を求めよう．

【解】 データ内の数値は15前後であるので，15を引けば0に近い値となる．そうすると2乗和の計算が楽になる．そこで，定理1.3で $a = 15$, $b = 1$ とした $u_k = x_k - 15$ を用いる．変換後のデータ u_k と u_k^2 およびそれらの合計は表1.3のようになる．

表1.3 変換前と変換後のデータ

番号(k)	1	2	3	4	5	6	計
変換前(x_k)	14	12	13	20	11	17	
変換後(u_k)	-1	-3	ア)	5	-4	2	イ)
u_k^2	1	9	4	25	16	4	59

よって $u_1, u_2, \cdots, u_6$ の平均は $\bar{u} = \dfrac{-3}{6} = -0.5$ となり，分散 s_u^2 は，分散公式(定理1.2)を用いて $s_u^2 = \dfrac{1}{6}\sum_{k=1}^{6} u_k^2 - \bar{u}^2 = \dfrac{59}{6} - (-0.5)^2 \fallingdotseq 9.833 - 0.25$

= 9.583 となる.元のデータの平均 $\bar{x}$ と分散 s_x^2 は,定理 1.3 より,それぞれ,
$$\bar{x} = 1 \times \bar{u} + 15 = -0.5 + 15 = 14.5, \quad s_x^2 = 1^2 \times s_u^2 \fallingdotseq 9.583$$
と計算でき,標準偏差は $s_x = \sqrt{s_x^2} \fallingdotseq 3.096$ となる.これらの値は,例題 1.2 ～ 1.4 で求めた値と同じである. □

なお,前ページの表 1.3 内の空欄 ア)には -2 が,イ)には -3 が入る.

注意 5 例題 1.5 のように,データを変換して平均や分散を求める場合,データの平均を おおまかに予想し,それに近いきりの良い値を,データから引く数にするとよい.

問題 3 次のデータは,あるテニスプレーヤーが打った 5 本のサーブのスピード (km/時)を測った結果である.このデータの平均 $\bar{x}$,分散 s_x^2,標準偏差 s_x を求めよう.

$$x_1 = 177, \quad x_2 = 200, \quad x_3 = 181, \quad x_4 = 173, \quad x_5 = 170$$

標準化 データ $x_1, x_2, \cdots, x_n$ の個々の x_k ($k=1, 2, \cdots, n$) を

$$z_k = \frac{x_k - \bar{x}}{s_x} = \frac{(k \text{番目の数値}) - (\text{平均})}{(\text{標準偏差})} \quad (1.13)$$

のように,平均を引き,標準偏差で割った値 z_k に変換することを**標準化**という.

例 4

例題 1.2 (p.5)のシュート数のデータ $x_1, x_2, \cdots, x_6$ を標準化しよう.例題 1.5 で求めたように,$\bar{x} = 14.5, s_x \fallingdotseq 3.096$ なので,$x_1 = 14$ について標準化すると,

$$z_1 = \frac{x_1 - \bar{x}}{s_x} \fallingdotseq \frac{14 - 14.5}{3.096} \fallingdotseq -0.1615$$

となる.同様に,$x_2, x_3, \cdots, x_6$ について,それぞれ $z_2 \fallingdotseq -0.8075, z_3 \fallingdotseq -0.4845, z_4 \fallingdotseq 1.776, z_5 \fallingdotseq -1.130, z_6 \fallingdotseq 0.8075$ となる. ◆

一般に，標準化した $z_1, z_2, \cdots, z_n$ の平均は0に，標準偏差は1になる．したがって，標準化は，平均を0に，標準偏差を1にする変換ともいえる．

問題 4 データ $x_1, x_2, \cdots, x_n$ を標準化した $z_1, z_2, \cdots, z_n$ について，平均は $\bar{z} = 0$ となり，標準偏差は $s_z = 1$ となることを，定理1.3を用いて確かめよう．ただし，$s_x \neq 0$ とする．

(1.13)によって標準化した値 z_k は，元の値 x_k が平均 $\bar{x}$ より標準偏差 s_x の何倍大きいかを表している．一方，例2(p.9)で見たように，データに含まれる多くの数値が $\bar{x} \pm 2s_x =$ （平均）± (2倍の標準偏差) の範囲内にある．よって，z_k の値がおよそ2を超えるような x_k は，データ $x_1, x_2, \cdots, x_n$ のうちでかなり大きな値といえる．このことは，下の図1.5(例2で描いた図の上部に，標準化後の値を表す軸を追加した図)からもわかる．このように，標準化した値 z_k によっても，元の値 x_k がどの程度大きいかがわかる．

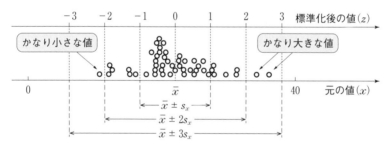

図1.5 ハンドボール投げのデータを ○ で表示し，標準化後の値を表す軸を加えた図

1.2.3 度数分布表から平均，分散，標準偏差を求める方法

データを度数分布表にまとめたとき，元の粗データからではなく，度数分布表から平均，分散，標準偏差を求めることもある．その方法について，次の例題を用いて説明しよう．

例題 1.6

大学生の睡眠時間(単位:時間)を調べ,度数分布表(表1.4)にまとめた.この表から,睡眠時間の平均 $\bar{x}$, 分散 s_x^2, 標準偏差 s_x を求めよう.

表1.4 大学生の睡眠時間

番 号	1	2	3	4	5	計
階級値	5	6	7	8	9	
度 数	7	18	15	8	2	50

【解】 度数分布表だけでは,元の粗データ1つ1つの値(睡眠時間)はわからないので,注意1(p.3)で述べたように,各階級の階級値をそこに含まれるデータの値とみなす.すると,データは5が7個,6が18個,7が15個,8が8個,9が2個となり,これまで通り,平均や分散を求めることができる.

平均を求めるために,データの数値の合計を求めると

$$5 \times 7 + 6 \times 18 + 7 \times 15 + 8 \times 8 + 9 \times 2 = 330$$

となる.データ数は度数の合計 50 と等しいので,平均は $\bar{x} = \dfrac{330}{50} = 6.6$ である.

分散は2乗した偏差の平均である.それを求めるために,まず,2乗した偏差の合計を上と同様に計算すると,

$$(5-6.6)^2 \times 7 + (6-6.6)^2 \times 18 + (7-6.6)^2 \times 15 \\ + (8-6.6)^2 \times 8 + (9-6.6)^2 \times 2 = 54$$

となる.これをデータ数で割って,分散は $s_x^2 = \dfrac{54}{50} = 1.08$ となる.また,標準偏差は $s_x = \sqrt{s_x^2} = \sqrt{1.08} \fallingdotseq 1.039$ である. □

1.2 1次元データのまとめ方

データが度数分布表(表1.5)にまとめられている場合に,表から平均,分散,標準偏差を求める方法を,一般的な形で書いておこう.

表1.5 度数分布表

番号(i)	1	2	⋯⋯	i	⋯⋯	l	計
階級値(x_i)	x_1	x_2	⋯⋯	x_i	⋯⋯	x_l	
度数(f_i)	f_1	f_2	⋯⋯	f_i	⋯⋯	f_l	n

度数分布表から平均,分散を求める方法

平均
$$\bar{x} = \frac{1}{n}(x_1 f_1 + x_2 f_2 + \cdots + x_l f_l) = \frac{1}{n}\sum_{i=1}^{l} x_i f_i \quad (1.14)$$

分散
$$s_x^2 = \frac{1}{n}\{(x_1 - \bar{x})^2 f_1 + \cdots + (x_l - \bar{x})^2 f_l\}$$
$$= \frac{1}{n}\sum_{i=1}^{l}(x_i - \bar{x})^2 f_i \quad (1.15)$$

ただし,lは階級の個数である.また,標準偏差は $s_x = \sqrt{s_x^2}$ である.

データが度数分布表にまとめられているとき,分散公式は次のようになる.

定理1.4(分散公式) 度数分布表から求める分散 s_x^2 (1.15)について

$$s_x^2 = \frac{1}{n}\{x_1^2 f_1 + \cdots + x_l^2 f_l\} - \bar{x}^2 = \frac{1}{n}\sum_{i=1}^{l} x_i^2 f_i - \bar{x}^2 \quad (1.16)$$

が成り立つ.ただし,$\bar{x}$は(1.14)で求めるものとする.

問題5 分散公式(1.16)を確かめよう.

1.3 2次元データのまとめ方

右手の握力と左手の握力など，2つの数値が1組となっているデータを2次元データという．ここでは，2次元データのまとめ方について説明しよう．

1.3.1 共分散と相関係数

共分散 1次元データの分散(1.4)を拡張したものとして，2次元データ $(x_1, y_1), (x_2, y_2), \cdots, (x_n, y_n)$ の**共分散**(covariance) s_{xy} を次で定める．

共分散
$$\begin{aligned} s_{xy} &= \frac{1}{n}\{(x_1-\bar{x})(y_1-\bar{y}) + \cdots + (x_n-\bar{x})(y_n-\bar{y})\} \\ &= \frac{1}{n}\sum_{k=1}^{n}(x_k-\bar{x})(y_k-\bar{y}) = \text{偏差の積の平均} \end{aligned}$$
(1.17)

ただし，$\bar{x} = \frac{1}{n}\sum_{k=1}^{n}x_k, \bar{y} = \frac{1}{n}\sum_{k=1}^{n}y_k$ である．なお，s_{xy} を手短に x, y の共分散ということもある．

共分散 s_{xy} の値を計算するときは，次の**共分散公式**を使うことが多い．

定理 1.5（共分散公式） 2次元データ $(x_1, y_1), (x_2, y_2), \cdots, (x_n, y_n)$ の共分散 s_{xy} について，次が成り立つ．
$$\begin{aligned} s_{xy} &= \frac{1}{n}(x_1 y_1 + \cdots + x_n y_n) - \bar{x}\bar{y} = \frac{1}{n}\sum_{k=1}^{n} x_k y_k - \bar{x}\bar{y} \\ &= (\text{積の平均}) - (\text{平均の積}) \end{aligned}$$
(1.18)

問題 6 分散公式（定理 1.2 (p.10)）の証明を参考にして，(1.18)を確かめよう．

例題 1.7

右手と左手の握力 (kg 重) を測った結果が下にある.この 2 次元データ (x_k, y_k) $(k = 1, 2, \cdots, 5)$ の共分散 s_{xy} を求めよう.

$(27, 20)$, $(35, 32)$, $(31, 29)$, $(24, 23)$, $(28, 27)$

【解】 $\sum_{k=1}^{5} x_k = 145$, $\sum_{k=1}^{5} y_k = 131$ より, $\bar{x} = 29$, $\bar{y} = 26.2$ である.また, $\sum_{k=1}^{5} x_k y_k = 27 \times 20 + 35 \times 32 + \cdots + 28 \times 27 = 3867$ である.共分散公式(1.18)を使って

$$s_{xy} = \frac{1}{5} \sum_{k=1}^{5} x_k y_k - \bar{x}\bar{y} = \frac{3867}{5} - 29 \times 26.2 = 773.4 - 759.8 = 13.6$$

となる. □

問題 7 次の 2 次元データ (x_k, y_k) $(k = 1, 2, \cdots, 6)$ について,$\bar{x} = 5.5$,$\bar{y} = 7$ である.これを用いて,共分散 s_{xy} を求めよう.

$(5, 10)$, $(3, 7)$, $(4, 14)$, $(11, 2)$, $(2, 8)$, $(8, 1)$

散布図と相関 2 次元データ (x_1, y_1), (x_2, y_2), $\cdots$, (x_n, y_n) について,(x_k, y_k) を座標とする点を描いた図を**散布図**または**相関図**という.散布図により,2 次元データをグラフィカルにとらえることができる.

例 5

例題 1.7 の握力のデータの散布図を描くと図 1.6 のようになる.また,問題 7 の 2 次元データの散布図を描くと図 1.7 のようになる. ◆

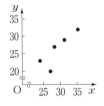
図 1.6 握力のデータの散布図

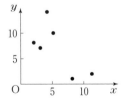
図 1.7 問題 7 のデータの散布図

図1.6では，点の配置に右上がりのパターンが，図1.7では右下がりパターンが見られる．一般に，2次元データ (x_1, y_1), (x_2, y_2), $\cdots$, (x_n, y_n) の散布図に，右上がり，右下がりの直線的なパターンがあることを，それぞれ**正の相関**，**負の相関**があるといい(図1.8, 1.9)，そうでないことをほとんど相関がないという(図1.10)．

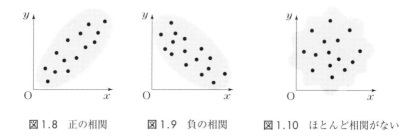

図1.8 正の相関　　図1.9 負の相関　　図1.10 ほとんど相関がない

正，負の相関と共分散の符号　図1.8の元となる2次元データについて，共分散の符号を調べてみよう．

図1.8に，平均を表す2つの直線 $x = \bar{x}$, $y = \bar{y}$ を描き加えると，図1.11のようになる．2つの直線 $x = \bar{x}$, $y = \bar{y}$ により分けられる4つの部分を，図1.12のように，右上から左回りに，Ⅰ，Ⅱ，Ⅲ，Ⅳで表す．正の相関がある2次元データの散布図には，右上がりのパターンがあるので，Ⅰ，Ⅲの部分は点が多く，Ⅱ，Ⅳの部分は少ない．なお，図1.9のような負の相関の場合では，右下がりのパターンがあるので，Ⅰ，Ⅲの部分は点が少なく，Ⅱ，Ⅳの部分は多くなる(図1.13)．

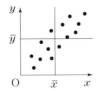 

図 1.11　平均を表す直線を描き加えた散布図　　図 1.12　正の相関の場合の点の配置　　図 1.13　負の相関の場合の点の配置

一般に，点 (x_k, y_k) が縦の直線 $x = \bar{x}$ より右にあるとき，x_k の値は $\bar{x}$ より大きいので，$x_k - \bar{x} > 0$ である．逆に，左にあるとき，$x_k - \bar{x} < 0$ である（図 1.14）．同様に，$y_k - \bar{y}$ の符号を図 1.15 に示す．これらをかけることにより，偏差の積 $(x_k - \bar{x})(y_k - \bar{y})$ の符号は，図 1.16 に示される通り，I，III の部分では +，II，IV の部分では - である．

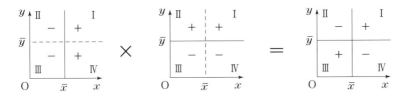

図 1.14　$x_k - \bar{x}$ の符号　　図 1.15　$y_k - \bar{y}$ の符号　　図 1.16　偏差の積の符号

正の相関の場合，偏差の積が正である I，III の部分は点が多く，負である II，IV の部分は少ない．このことから，偏差の積の平均，すなわち共分散は正であると予想できる．この予想は正しく，実際，正の相関がある例題 1.7 の握力データの共分散は $s_{xy} = 13.6$ であり，正である．

負の相関の場合，図 1.13 で見たように，I，III の部分は点が少なく，II，IV の部分は多いので，共分散は負になる．このことを，負の相関がある散布図（図 1.7）の 2 次元データ（問題 7 のデータ）について確認しておくとよい．

以上より，正(負)の相関がある2次元データの共分散は正(負)と考えてよい．このことから，共分散を利用して相関の程度を表す量を作れそうである．以下で，そのような量を提案しよう．

相関係数　2次元データ $(x_1, y_1), (x_2, y_2), \cdots, (x_n, y_n)$ の相関の程度を表す量として，次の**相関係数**(correlation coefficient) r_{xy} がある．

$$相関係数 \quad r_{xy} = \frac{s_{xy}}{\sqrt{s_x^2}\sqrt{s_y^2}} = \frac{s_{xy}}{s_x s_y} = \frac{共分散}{標準偏差の積} \quad (1.19)$$

共分散の大きさは相関の程度を表していないが，標準偏差の積で割ることにより，その程度を表すことができる．なお，2次元データの相関係数 r_{xy} を手短かに x, y の相関係数ということもある．

注意6　x または y の分散が0のとき，つまり，$s_x^2 = 0$ または $s_y^2 = 0$ のとき，相関係数 r_{xy} は(1.19)では定義できないが，$r_{xy} = 0$ とする．

例題 1.8

例題1.7 (p.19)の握力のデータ (x_k, y_k) の相関係数 r_{xy} を求めよう．

【解】 $x_1, x_2, \cdots, x_5$ の分散を計算すると，$s_x^2 = 14$ となる．同様に，$s_y^2 = 18.16$ となる．例題1.7で求めたように，共分散は $s_{xy} = 13.6$ なので，相関係数は

$$r_{xy} = \frac{s_{xy}}{\sqrt{s_x^2}\sqrt{s_y^2}} = \frac{13.6}{\sqrt{14}\sqrt{18.16}} \fallingdotseq 0.853$$

である．□

問題8　問題7 (p.19)の2次元データの相関係数 r_{xy} を求めよう．ただし，$s_x^2 = 9.583, s_y^2 = 20$ であることを用いてよい．

相関係数の値は -1 以上 1 以下となる．このことを定理にまとめておこう．なお，この定理は章末の練習問題5で確かめる．

定理 1.6 2次元データ (x_1, y_1), (x_2, y_2), $\cdots$, (x_n, y_n) の相関係数 r_{xy} について，次が成り立つ．

$$-1 \leq r_{xy} \leq 1 \tag{1.20}$$

例6

さまざまな2次元データの散布図を図1.17に描いた．それぞれの相関係数 r_{xy} を求めると，各図の下に示した値になった．これらはすべて -1 以上 1 以下である．◆

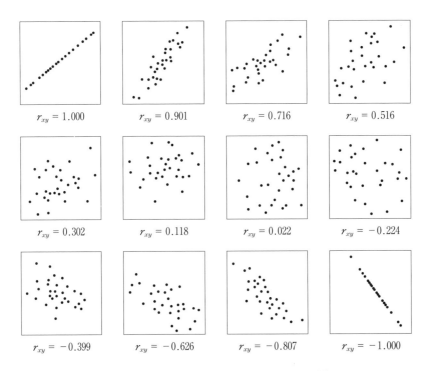

図1.17 さまざまな2次元データの散布図と相関係数 r_{xy}

図1.17の左上の $r_{xy} = 1.000$ の散布図では，すべての点が右上がりの直線上にある．また，上段の4つの散布図では，右上がりの直線的な関係が見られる．右端の $r_{xy} = 0.516$ の散布図ではかなりぼやけて，点が広く分

布しているものの，右上がり傾向はある．これらのことは，右上がりを右下がりと読みかえて，下段の相関係数が負の4つの散布図でも見られる．

中段の4つの散布図について，左端の $r_{xy} = 0.302$ の散布図では，わずかに右上がりの傾向が見られるかもしれないが，他の3つの散布図では，右上がりや右下がりの傾向はほとんど見られない．

これらのことから，2次元データ (x_k, y_k) の相関係数 r_{xy} は，x_k，y_k の間の右上がりまたは右下がりの直線的な関係，つまり正または負の相関の強さ(程度)を表すと考えてよい．

一方で，r_{xy} の値がいくらくらいなら，強い正(負)の相関があることを表すか，あるいはほとんど相関がないことを表すかについて，定まった基準はない．そこで，目安として次の値を挙げておこう．

r_{xy} が 約	0.7以上	1 以下	強い正の相関
約	-0.2以上	約 0.2以下	ほとんど相関がない
	-1 以上	約 -0.7以下	強い負の相関

相関係数は直線的な関係の強さを表す量であり，他のタイプの関係をうまくとらえるとは限らない．たとえば，図1.18では，放物線のような曲線的な関係が見られるが，相関係数 r_{xy} はほぼ0である．したがって，相関係数 r_{xy} が0に近い値であっても，x_k，y_k は無関係とは限らない．

図1.18　曲線的な関係の散布図
（相関係数 $r_{xy} = 0.076$）

1.3.2 1次式によるデータの変換と共分散,相関係数

2次元データ (x_k, y_k) の各成分 x_k, y_k を1次式により変換するとき,共分散はどう変わるか,相関係数についてはどうかを次の定理にまとめておこう.

定理 1.7 a, b, c, d を定数とし,$b \neq 0, d \neq 0$ とする.2次元データ $(x_1, y_1), (x_2, y_2), \cdots, (x_n, y_n)$ を

$$u_k = \frac{x_k - a}{b}, \quad v_k = \frac{y_k - c}{d} \quad (k = 1, 2, \cdots, n) \quad (1.21)$$

により,あるいは,同等な

$$x_k = bu_k + a, \quad y_k = dv_k + c \quad (k = 1, 2, \cdots, n) \quad (1.22)$$

により $(u_1, v_1), (u_2, v_2), \cdots, (u_n, v_n)$ に変換する.このとき,変換前後の2次元データの共分散 s_{xy} と s_{uv} の間には

$$s_{xy} = bd\, s_{uv} \quad (1.23)$$

が成り立つ.さらに,$b > 0, d > 0$ のとき,変換前後の相関係数 r_{xy} と r_{uv} は等しい.つまり,

$$r_{xy} = r_{uv} \quad (1.24)$$

となる.ただし,$s_{uv} = \dfrac{1}{n} \sum_{k=1}^{n} (u_k - \bar{u})(v_k - \bar{v})$,$r_{uv} = \dfrac{s_{uv}}{s_u s_v}$ であり,$\bar{u}, s_u$ は $u_1, u_2, \cdots, u_n$ の,$\bar{v}, s_v$ は $v_1, v_2, \cdots, v_n$ の平均,標準偏差である.

【証明】 1次元データについて,変換前後の平均や標準偏差の関係を示した定理 1.3 (p. 12) から $\bar{x} = b\bar{u} + a$ である.これを (1.22) の第1式から引くと,$x_k - \bar{x} = b(u_k - \bar{u})$ となる.同様に,$y_k - \bar{y} = d(v_k - \bar{v})$ である.よって,共分散について

$$s_{xy} = \frac{1}{n} \sum_{k=1}^{n} (x_k - \bar{x})(y_k - \bar{y}) = \frac{1}{n} \sum_{k=1}^{n} \{b(u_k - \bar{u}) \times d(v_k - \bar{v})\}$$
$$= bd\, s_{uv}$$

が成り立つ．さらに，$b > 0, d > 0$ のとき，定理 1.3 より，$s_x = bs_u$, $s_y = ds_v$ である．よって，相関係数について

$$r_{xy} = \frac{s_{xy}}{s_x s_y} = \frac{bd\, s_{uv}}{bs_u \times ds_v} = \frac{s_{uv}}{s_u s_v} = r_{uv}$$

を得る．□

注意 7 2 次元データ (x_k, y_k) と (u_k, v_k) の関係(1.22)にある a, c は，共分散 s_{xy} と s_{uv} の関係(1.23)には現れない．a, c は偏差を計算するときになくなり(注意 4 (p.13)参照)．共分散は bd 倍されるだけである．

例題 1.9

定理 1.7 を利用して，例題 1.7(p.19)の握力のデータ (x_k, y_k)（下の表 1.6 にも記載）の共分散 s_{xy} と相関係数 r_{xy} を求めよう．

【解】 まず，定理 1.7 を利用するために，a, b, c, d の値を決めよう．$x_1, x_2, \cdots, x_5$ の値は 30 前後なので $a = 30$ とし，$y_1, y_2, \cdots, y_5$ の値は 25 前後なので $c = 25$ とする．また，$b = d = 1$ とする．このとき，変換式は

$$u_k = x_k - 30, \quad u_k = y_k - 25 \quad (k = 1, 2, \cdots, 5)$$

となる．変換前後のデータ (x_k, y_k), (u_k, v_k) と変換後のデータの 2 乗 u_k^2, v_k^2 や積 $u_k v_k$ の値は表 1.6 のようになる．

表 1.6 変換前後のデータの表

番号(k)	1	2	3	4	5	計
x_k	27	35	31	24	28	
y_k	20	32	29	23	27	
u_k	-3	5	1	-6	-2	-5
v_k	-5	7	4	-2	2	6
u_k^2	9	25	1	36	4	75
v_k^2	25	49	16	4	4	98
$u_k v_k$	15	35	4	12	-4	62

この表から $\bar{u} = \dfrac{-5}{5} = -1$, $s_u^2 = \dfrac{1}{5}\sum_{k=1}^{5} u_k^2 - \bar{u}^2 = \dfrac{75}{5} - (-1)^2 = 14$ である．同様に，$\bar{v} = 1.2$, $s_v^2 = 18.16$ である．共分散公式(定理 1.5)を用いて

$$s_{uv} = \dfrac{1}{5}\sum_{k=1}^{5} u_k v_k - \bar{u}\bar{v} = \dfrac{62}{5} - (-1) \times 1.2 = 13.6$$

となる．定理 1.7 より，元の 2 次元データの共分散 s_{xy} と相関係数 r_{xy} は

$$s_{xy} = bd\, s_{uv} = 1 \times 1 \times s_{uv} = 13.6,$$

$$r_{xy} = r_{uv} = \dfrac{s_{uv}}{\sqrt{s_u^2}\sqrt{s_v^2}} = \dfrac{13.6}{\sqrt{14}\sqrt{18.16}} \fallingdotseq 0.853$$

と計算できる．これらの値は，例題 1.7, 1.8 で求めた値と同じである．□

第 1 章　練習問題

1. データ $x_1, x_2, \cdots, x_n$ を大きさの順に並べかえたとき，真ん中にある値を**メディアン**(**中央値**)という．ただし，真ん中にある値とは，n が奇数のときは $\dfrac{n+1}{2}$ 番目の値のことであり，n が偶数のときは $\dfrac{n}{2}$ 番目の値と $\left(\dfrac{n}{2}+1\right)$ 番目の値の平均のことである．次のデータのメディアンを，それぞれ求めよう．
 （1） 問題 3 にあるサーブのスピードのデータ（177, 200, 181, 173, 170）
 （2） 例題 1.2 にあるシュート数のデータ（14, 12, 13, 20, 11, 17）

2. データが度数分布表にまとめられているとき，各階級の度数のうち最も大きい度数に対応する階級の階級値を**モード**(**最頻値**)という．ハンドボール投げのデータをまとめた度数分布表(表 1.2 (p.3))について，モードを答えよう．

3. 例題 1.1 (p.2) にあるハンドボール投げのデータの平均，分散，標準偏差を，粗データからではなく，度数分布表(表 1.2 (p.3))から求めよう．
　　なお，平均，分散を求める際に，階級値から 22.5 を引き，5 で割ると計算が楽になる．また，変換前の平均，分散は，定理 1.3 (p.12) を利用して求める．

4. 次のデータは，ある町の 1 月から 2 月の合計降雪量(cm)と平均気温(℃)の 5 年間分の記録である．このデータの相関係数を求めよう．

　　　　　(144, 3.0), 　(78, 3.7), 　(66, 4.3), 　(103, 5.0), 　(63, 4.5)

5. $s_x^2 > 0$, $s_y^2 > 0$ のとき,定理 1.6 (p.23) を,以下のことを利用して確かめよう.

t を実数とし,$f(t) = \dfrac{1}{n}\sum_{k=1}^{n}\left\{t(x_k - \bar{x}) + (y_k - \bar{y})\right\}^2$ とおく.このとき,t の値にかかわらず $f(t) \geq 0$ である.また,$f(t)$ を t について整理すると,t の 2 次式となり,t^2 の係数は正であることもわかる.よって,t についての 2 次方程式 $f(t) = 0$ の判別式 D は $D \leq 0$ となる.

第 2 章

確率とその性質

第 1 章でとり扱ったデータを解析するために必要な数学的基礎付けとなるのが確率の概念である．この章では，確率の定義といくつかの性質を見ていくことにしよう．

2.1 事象と確率

確率の定義 1個のサイコロを振ったとき，偶数の目のでる場合は 2, 4, 6 の 3 通り，奇数の目のでる場合は 1, 3, 5 の 3 通りである．場合の数という意味では，このことはまったく正しい．しかし，サイコロを 6 回振ったとき，偶数の目が 3 回，奇数の目が 3 回でるとはいえない．サイコロを振る行為自体，不確定
さを含んでいるからである．しかし，何回も振ったとき，サイコロに細工などがなく，振り方に作為がなければ，ほぼ半数は偶数の目がでることを経験的に知っているであろう．偶数の目のでる確からしさは $\frac{1}{2}$ といってよい．この確からしさを数で定めたものが**確率**(probability)である．

注意 1 確<u>率</u>であって，確<u>立</u>とは書かないようにしよう．

　サイコロを振るという行為や，測定データを 1 つ得るという操作を**試行**といい，起こり得る結果をいくつか集めたものを**事象**(event)という．また，起こり得る結果の全体を**全事象**(または**標本空間**)という．事象の中でそれ以上に分けられないものを**根元事象**という．たとえばサイコロを振る場合，1 の目がでるという事象は根元事象である．

　全事象をギリシャ文字の $\overset{\text{オメガ}}{\Omega}$ で表そう．Ω は 1 つの集合であり，ある事象を A と書くと，A は Ω の部分集合なので，$A \subset \Omega$ と書ける．A が起こらない事象を**余事象**といい，$\overline{A}$ と書く．決して起こらない事象は**空事象**といい，ϕ と書く．事象 A または B が起こることも事象であり，**和事象**といい，$A \cup B$ と書く．A と B が同時に起こる事象は**積事象**といい，$A \cap B$ と書く．また，$A \cap B = \phi$，すなわち，事象 A と B が同時に起こらないとき，A と B は互いに**排反**であるという．

例 1

サイコロを振るという試行では，起こり得る結果の全体，すなわち全事象は
$$\Omega = \{1, 2, 3, 4, 5, 6\}$$
である．A を奇数の目，B を 2 の目がでる事象とすると，
$$A = \{1, 3, 5\}, \quad B = \{2\}$$
である．このとき，A と B の和事象は
$$A \cup B = \{1, 2, 3, 5\}$$
となる．また，$A \cap B = \phi$ なので，A と B は互いに排反である．◆

古典的確率　まともなサイコロを振ったとき，たとえば 1 の目がでる確率は $\frac{1}{6}$ と考えてよい．こうした結果を一般的にしたのが以下の確率であり，これを**古典的確率**ということがある．

> ある試行について，全事象において起こり得る結果の数が n で，どの根元事象も同様に確からしく起こるとする．全事象の中で，ある事象 A をとり，A の起こる場合の数が r であるとき，A の確率 $P(A)$ を
> $$P(A) = \frac{r}{n}$$
> で定義する．

例題 2.1

6 枚の硬貨を投げて，4 枚表がでる確率を求めよう．

【解】 1 枚の硬貨に表と裏があり，6 枚投げるので，すべての場合の数は $2^6 = 64$ である．6 枚のうち 4 枚表がでる場合の数は，${}_6C_4 = \frac{6!}{4!\,2!} = 15$ である．したがって確率は $\frac{15}{64} \fallingdotseq 0.234 (= 23.4\%)$．□

経験的確率　たとえばサイコロを振る場合，古典的確率では各目のでる確率を $\frac{1}{6}$ とした．しかし現実には，まともなサイコロならば，何回も振って，各目がほぼ $\frac{1}{6}$ の割合ででることを経験的に知っているだけである．そこで，次の**経験的確率**を定義する．

> n 回試行をして，ある事象 A が r 回起こったとする．n を大きくしていくとき，$\frac{r}{n}$ が一定の値 p に近づけば，A の確率 $P(A)$ を
> $$P(A) = p = \lim_{n\to\infty} \frac{r}{n}$$
> とする．

実際には，試行を無限回することは不可能である．しかし，n が十分大きいとき，$\frac{r}{n}$ を $P(A)$ としても誤差はきわめて小さいと期待できる．

例題 2.2

ある野球選手の9年間の成績は，3619打数1278安打である．この選手が安打を打つ確率を求めよう．

【解】 3619 は十分大きいので，経験的確率として計算すると，$\frac{1278}{3619} \fallingdotseq 0.353$（3割5分3厘）．　□

問題 1　0から9までの数字から重複を許してランダムに3つの数字をとって並べるとき，以下の確率を求めよう．
（1） 3つとも同じ数字である確率
（2） 2つだけ同じ数字である確率
（3） すべて異なる数字である確率

2.2 確率の性質

確率の公理　確率を数学的に扱うには，その規則を明確に定める必要がある．サイコロを1回振るときは，例1(p.31)で見たように，全事象の大きさは有限である．しかし，サイコロを何回か振って，いつ1の目が初めてでるかという試行では，全事象の大きさは無限である．なぜなら第 n 回に初めて1の目がでるという結果は $n = 1, 2, 3, \cdots$ と限りなく存在するからである．

また，体力測定のハンドボール投げの場合，試行の結果は投げた距離であり，連続的な数値であるから，全事象の大きさは無限である．こうした場合にも確率が定まるようにしたのが，以下の確率の公理である．

> **確率の公理**　全事象 Ω の各事象 A に対して，以下の4つの条件を満たす実数 $P(A)$ が存在するとき，$P(A)$ を事象 A が起こる確率という．
>
> (1)　$0 \leq P(A) \leq 1$ 　　　　　　　　　　　　　　　　(2.1)
>
> (2)　$P(\Omega) = 1$ 　　　　　　　　　　　　　　　　　　(2.2)
>
> (3)　$P(\phi) = 0$ 　　　　　　　　　　　　　　　　　　　(2.3)
>
> (4)　事象 $A_1, A_2, A_3, \cdots$ が互いに排反であるとき，
> $$P(A_1 \cup A_2 \cup A_3 \cup \cdots)$$
> $$= P(A_1) + P(A_2) + P(A_3) + \cdots \quad (2.4)$$

注意2　(2.4)で事象の個数を有限とした
$$P(A_1 \cup A_2 \cup \cdots \cup A_n) = P(A_1) + P(A_2) + \cdots + P(A_n) \quad (2.5)$$
も成り立つ．

この公理で，(1)は確率が0と1の間の数値であること，(2)は確率が全部で1であること，(3)は何も起こらない確率は0であるといっている．また，(4)は確率の加法性を述べたものである．

例題 2.3

例1のサイコロ振りの事象 A (奇数の目), B (2の目)について,
$$P(A \cup B) = P(A) + P(B)$$
となることを確かめよう.

【解】 場合の数を数えて, $P(A) = \dfrac{3}{6}$, $P(B) = \dfrac{1}{6}$, $P(A \cup B) = \dfrac{4}{6}$ であり, たしかに $P(A \cup B) = P(A) + P(B)$ は成り立っている. この結果は, $n = 2$ の場合の (2.5) である. □

確率の公式 確率の公理を認めると, 確率に関するいくつかの公式が得られる. 2つの事象 A, B について, 図2.1のように
$$C_1 = A \cap B, \quad C_2 = A \cap \bar{B}, \quad C_3 = \bar{A} \cap B$$
とすると, C_1, C_2, C_3 は互いに排反であり,
$$A = C_1 \cup C_2, \quad B = C_1 \cup C_3, \quad A \cup B = C_1 \cup C_2 \cup C_3$$
と表せる. (2.5) より
$$P(A) = P(C_1) + P(C_2), \quad P(B) = P(C_1) + P(C_3)$$
$$P(A \cup B) = P(C_1) + P(C_2) + P(C_3)$$
となる. これらのことから
$$P(A \cup B) = P(C_1) + P(C_2) + P(C_3) + P(C_1) - P(C_1)$$
$$= P(A) + P(B) - P(C_1)$$
がわかる. さらに, $C_1 = A \cap B$ を用いると, 確率の**加法公式**
$$P(A \cup B) = P(A) + P(B) - P(A \cap B) \tag{2.6}$$
が得られる.

2.2 確率の性質

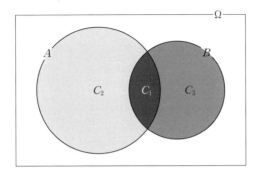

図 2.1 確率の加法公式

例 2

1から5の番号が付いているくじで，1，2が当たりとする．Aさん，Bさんが順に1本ずつこのくじを引いたとき，当たる確率を調べて，加法公式が成り立つことを確認しよう．ただし，引いたくじは戻さないこととする．

Aさん，Bさんが当たりくじを引く事象をそれぞれ A，B，それらの確率を $P(A)$，$P(B)$ とする．$P(A \cap B)$ はAさん，Bさんともに当たりくじを引く確率，$P(A \cup B)$ はAさん，Bさんの少なくとも1人が当たりくじを引く確率である．

たとえば，Aさんが番号3，Bさんが番号5のくじを引くことを $(3, 5)$ で表すと，起こり得るすべての結果は次のようにまとめられる．

$$\Omega = \begin{Bmatrix} & (1,2) & (1,3) & (1,4) & (1,5) \\ (2,1) & & (2,3) & (2,4) & (2,5) \\ (3,1) & (3,2) & & (3,4) & (3,5) \\ (4,1) & (4,2) & (4,3) & & (4,5) \\ (5,1) & (5,2) & (5,3) & (5,4) & \end{Bmatrix} \quad (2.7)$$

Ω は20個の結果からなる全事象である．また事象 A，B はそれぞれ

$A = \{(1,2), (1,3), (1,4), (1,5), (2,1), (2,3), (2,4), (2,5)\}$

$B = \{(2,1), (3,1), (4,1), (5,1), (1,2), (3,2), (4,2), (5,2)\}$

である．ともに8個の結果を含み，

$$P(A) = P(B) = \frac{8}{20} = \frac{2}{5}$$

となる．もちろん，5本中で2本が当たりなので，$P(A) = \frac{2}{5}$ であることは Ω を (2.7) のように書き下さなくてもわかる．

$A \cap B$ は $\{(1, 2), (2, 1)\}$ なので，$P(A \cap B) = \frac{2}{20} = \frac{1}{10}$ である．また，$A \cup B$ は番号1か2のいずれかを含む事象を数え上げればよく，(2.7) から14個あることがわかる．すなわち $P(A \cup B) = \frac{14}{20} = \frac{7}{10}$ であり，$P(A \cup B) = \frac{7}{10} = \frac{2}{5} + \frac{2}{5} - \frac{1}{10} = P(A) + P(B) - P(A \cap B)$ となり，たしかに加法公式 (2.6) は成立する．◆

ある事象 A の余事象 $\overline{A}$ を考えると，$A \cup \overline{A} = \Omega$，$A \cap \overline{A} = \phi$ であるから，(2.2), (2.5) より

$$1 = P(\Omega) = P(A \cup \overline{A}) = P(A) + P(\overline{A}) \tag{2.8}$$

となる．したがって，余事象の起こる確率について次が成り立つ．

$$P(\overline{A}) = 1 - P(A) \tag{2.9}$$

例 3

ある打者がヒットを打つ確率が $0.3 (= 30\%)$ のとき，ヒットを打たない確率は $1 - 0.3 = 0.7 (= 70\%)$ である．◆

ある事象 A と B について，図 2.2 のように $A \subset B$ のときは $A \cap B = A$ であり，

$$B = (A \cap B) \cup (\overline{A} \cap B) = A \cup (\overline{A} \cap B)$$

となる．A と $\overline{A} \cap B$ は共通部分をもたないので，互いに排反であり，(2.5) から

$$P(B) = P(A) + P(\overline{A} \cap B)$$

となる．$P(\overline{A} \cap B) \geq 0$ であるから，$P(A) \leq P(B)$ を得る．すなわち，確率に関する**単調性**

$$A \subset B \text{ のとき，} P(A) \leq P(B) \tag{2.10}$$

が成り立つ．単調性は，ある事象の起こる確率が，それを一部として含む事象の起こる確率以下であることを表している．

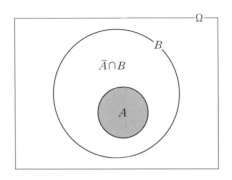

図 2.2 $A \subset B$ の場合

全事象 Ω が n 個の根元事象 $A_1, A_2, \cdots, A_n$ の和事象であるとする．すなわち，
$$A_1 \cup A_2 \cup \cdots \cup A_n = \Omega$$
根元事象は互いに排反なので，(2.2)，(2.5) から
$$P(A_1) + P(A_2) + \cdots + P(A_n) = 1 \tag{2.11}$$
となる．つまり，全事象が有限個の根元事象の和事象であるときは，すべての根元事象の確率の和は 1 である．

例 4
サイコロを振る場合，根元事象は 1 の目から 6 の目までの 6 個である．それぞれが起こる確率は $\frac{1}{6}$ であるから，すべての根元事象の確率の和は $\frac{1}{6} + \frac{1}{6} + \frac{1}{6} + \frac{1}{6} + \frac{1}{6} + \frac{1}{6} = 1$ となる．◆

問題 2 3 つのうち 1 つが正解である 3 択式の問題が 5 個ある．各問でランダムに 3 つの選択肢のうち 1 つを選ぶとき，以下の確率を求めよう．

（1） 全問正解する確率

（2） 4問以上正解する確率
（3） 少なくとも2問以上間違う確率

2.3 条件付き確率

条件付き確率　いま，2つの事象 A, B について，A が起こるという条件のもとで B が起こる確率を考えてみよう．

例 5

サイコロを振るという試行で，偶数の目がでる事象を A，目が 3 以下である事象を B としよう．目は全部で 6 通りあり，A が起こる場合の数は 2, 4, 6 の 3 通り，偶数の目でかつ 3 以下であるのは 2 の 1 通りである．したがって，A が起こるという条件のもとで B が起こる割合は $\dfrac{1\,通り}{3\,通り} = \dfrac{1}{3}$ であるが，この結果を確率を用いて書くと，$\dfrac{P(A \cap B)}{P(A)} = \dfrac{1}{6} \div \dfrac{3}{6} = \dfrac{1}{3}$ となる．◆

例 5 の結果をふまえて，条件 A のもとでの B の**条件付き確率**(conditional probability) を

$$P(B|A) = \frac{P(A \cap B)}{P(A)} \tag{2.12}$$

で定義する．ただし，$P(A) = 0$ のとき，条件付き確率は考えない．

例 6（例 2 (p. 35) の続き）

くじの問題で，すべての場合を示した (2.7) を用いると，$P(A \cap B) = \dfrac{1}{10}$，$P(A) = \dfrac{2}{5}$ であった．このとき (2.12) は $P(B|A) = \dfrac{1}{10} \div \dfrac{2}{5} = \dfrac{1}{4}$ となる．実際，A さんが当たりくじを引くという条件のもとで B さんが当たりくじを引く確率は，残り 4 枚のくじのうち 1 本が当たりくじなので，たしかに $\dfrac{1}{4}$ となる．◆

2.3 条件付き確率

条件付き確率 $P(B|A)$ は、B について確率と同じ性質をもつ。たとえば、
$$P(\phi|A) = 0, \quad P(\Omega|A) = 1, \quad P(B|A) \geq 0,$$
$$P(\bar{B}|A) = 1 - P(B|A)$$
や、B, C が互いに排反のとき、
$$P(B \cup C|A) = P(B|A) + P(C|A)$$
などが成り立つ。ただし $P(A) > 0$ とする。

例 7（例 6 の続き）

A さんが当たりくじを引いたという条件のもとで、B さんが当たりくじを引かない条件付き確率は
$$P(\bar{B}|A) = 1 - P(B|A) = 1 - \frac{1}{4} = \frac{3}{4}$$
である。◆

乗法公式 　条件付き確率の (2.12) は $P(A \cap B) = P(A)P(B|A)$ と変形できる。また、A と B を入れかえた条件付き確率 $P(A|B)$ についても同様の式を書くことができ、
$$P(A \cap B) = P(A)P(B|A) = P(B)P(A|B) \quad (2.13)$$
が成り立つ。ただし、$P(A) > 0, P(B) > 0$ とする。この式を確率の**乗法公式**または乗法定理という。

例 8（例 7 の続き）

再び例 2 (p. 35) のくじの問題で、引く順番と当たる確率の関係を調べてみよう。例 2 では、起こり得る結果をすべて数え上げて、$P(A) = P(B) = \frac{2}{5}$、すなわち、くじに当たる確率はくじを引く順番によらないことを見た。ここでは、すべての結果を数え上げず、乗法公式を用いてそうなることを示そう。

まず、1 番目に引く A さんの当たる確率は $P(A) = \frac{2}{5}$ であり、当たらない確率は $P(\bar{A}) = 1 - \frac{2}{5} = \frac{3}{5}$ である。また、例 6, 7 で示したように、$P(B|A)$

$= \dfrac{1}{4}$ である. 同様にして $P(B|\bar{A}) = \dfrac{1}{2}$ であることもわかる. これらの結果に乗法公式 (2.13) を用いると,

$$P(A \cap B) = P(A)P(B|A) = \dfrac{2}{5} \times \dfrac{1}{4} = \dfrac{1}{10}$$

$$P(\bar{A} \cap B) = P(\bar{A})P(B|\bar{A}) = \dfrac{3}{5} \times \dfrac{1}{2} = \dfrac{3}{10}$$

となる. $A \cap B$ と $\bar{A} \cap B$ は互いに排反であり, $B = (A \cap B) \cup (\bar{A} \cap B)$ であるから, 確率の公理(2.5)より,

$$P(B) = P(A \cap B) + P(\bar{A} \cap B) = \dfrac{1}{10} + \dfrac{3}{10} = \dfrac{2}{5}$$

が得られる. ◆

問題3 例2のくじ引きで, Aさん, BさんのあとにCさんが引くとする. Cさんが当たる確率を乗法公式を用いて求めよう.

事象の独立 事象Aが起こることによって事象Bの起こる確率が影響を受けないとき, つまり,

$$P(B|A) = P(B)$$

のとき, 2つの事象 A, B は互いに**独立**であるという. 事象 A, B が独立のとき, 乗法公式 (2.13)から,

$$P(A \cap B) = P(A)P(B) \qquad (2.14)$$

が成り立つ. 逆に, (2.14)が成り立てば, ($P(A) > 0$ として) $P(B|A) = P(B)$ となるので, (2.14)を独立性の定義とすることもある.

一般に, n個の事象 $A_1, A_2, \cdots A_n$ があるとき, それらからとり出した任意の k 個の事象 $A_{i_1}, A_{i_2}, \cdots, A_{i_k} (2 \leq k \leq n)$ に対して,

$$P(A_{i_1} \cap A_{i_2} \cap \cdots \cap A_{i_k}) = P(A_{i_1})P(A_{i_2})\cdots P(A_{i_k}) \qquad (2.15)$$

が成り立つとき, 事象 $A_1, A_2, \cdots A_n$ は互いに独立である.

例 9

いま,図 2.3 のように,I 社製の大きな肉まん,I 社製の小さなあんまん,Y 社製の小さな肉まん,Y 社製の大きなあんまんが,1 個ずつあるとしよう.

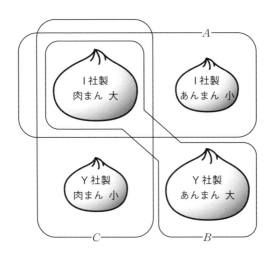

図 2.3 4 つのまんじゅう

I 社製である事象を A と表すと,Y 社製である事象は $\overline{A}$ である.また,大きなまんじゅうである事象を B と表すと,小さなまんじゅうである事象は $\overline{B}$ である.さらに,肉まんである事象を C と表すと,あんまんである事象は $\overline{C}$ と表せる.

この 4 個のまんじゅうから 1 個をランダムにとり出すとき,

$$P(A) = P(B) = P(C) = \frac{2}{4} = \frac{1}{2}$$

である.いま,

$$P(A \cap B) = \frac{1}{4} = P(A)P(B)$$

$$P(B \cap C) = \frac{1}{4} = P(B)P(C)$$

$$P(C \cap A) = \frac{1}{4} = P(C)P(A)$$

が成り立つことから,(2.14) より A と B,B と C,C と A は互いに独立である.

しかし，
$$P(A \cap B \cap C) = \frac{1}{4} \neq \frac{1}{8} = P(A)P(B)P(C)$$
であるから，A, B, C の3つの事象は独立でないことになる．◆

注意4 排反と独立を混同しないようにしよう．2つの事象 A, B が排反（$A \cap B = \phi$）ならば，A が起こるとき B は起こらない．つまり A は B の起こる確率に影響を与える．一方，A, B が独立ならば，A は B の起こる確率に影響を与えない．したがって，正の確率をもつ2つの事象 A, B は排反なら独立でなく，独立なら排反でない．もちろん，排反でも独立でもない事象の組はたくさんある．

例題2.4（例2の続き）

Aさん，Bさんが当たりくじを引く事象 A, B は排反でも独立でもないことを確かめよう．

【解】 $A \cap B = \{(1, 2), (2, 1)\} \neq \phi$ であるから，A, B は排反でない．また，例6(p.38)より $P(B|A) = \frac{1}{4} \neq \frac{2}{5} = P(B)$ であるから，独立でもない． □

問題4 例1(p.31)のサイコロ振りで，C を3以下の目がでる事象，すなわち，$C = \{1, 2, 3\}$ とするとき，
 (1) C と排反な事象の例を2つ挙げよう．
 (2) C と独立な事象の例を2つ挙げ，それぞれが C と排反でないことを確かめよう．ただし，空事象は除く．
 (3) C と排反でも独立でもない事象の例を2つ挙げよう．

ベイズの定理 たとえば，いくつかの工場で作られる多数の同種の製品からランダムに1つとり出して，それが不良品であったとき，その製品がどの工場で作られた可能性が大きいかを知りたいときがある．すなわち，ある結果がどの原因によるかを調べたいのである．

例題 2.5

工場 A と B の生産割合が 20%, 80% であるとし，各工場で不良品がでる割合 4%, 2% もわかっているとする．すなわち，工場 A で作られた製品である事象を A, 工場 B で作られた製品である事象を B, 不良品がでる事象を E としたとき，$P(A) = 0.2, P(B) = 0.8, P(E|A) = 0.04, P(E|B) = 0.02$ が与えられたとする．不良品がでたとき，それが工場 A で作られたものであるという確率 $P(A|E)$ を求めよう．

【解】 乗法公式 (2.13) を A と E について書き下すと，
$$P(A \cap E) = P(A)P(E|A) = P(E)P(A|E)$$
であるから，
$$P(A|E) = \frac{P(A)P(E|A)}{P(E)} \tag{2.16}$$
と書ける．ところが，$E = (A \cap E) \cup (B \cap E)$ であり，$A \cap E$ と $B \cap E$ は互いに排反であるから，
$$P(E) = P(A \cap E) + P(B \cap E)$$
が成り立つ．さらに乗法公式より，
$$P(E) = P(A)P(E|A) + P(B)P(E|B) \tag{2.17}$$
が得られ，(2.16) は
$$P(A|E) = \frac{P(A)P(E|A)}{P(A)P(E|A) + P(B)P(E|B)} \tag{2.18}$$
となる．この式に問題文で与えられている値を代入すると，
$$P(A|E) = \frac{0.2 \times 0.04}{0.2 \times 0.04 + 0.8 \times 0.02} = \frac{1}{3} \fallingdotseq 0.333 (= 33.3\%)$$
となる．□

一般に，ある結果 E と，n 個の互いに排反で，すべての場合をつくす事象 $A_1, A_2, \cdots, A_n$ があるとき，E が起こるもとでの $A_i (1 \leq i \leq n)$ の条件付き確率は

$$P(A_i|E) = \frac{P(A_i)P(E|A_i)}{P(A_1)P(E|A_1) + P(A_2)P(E|A_2) + \cdots + P(A_n)P(E|A_n)} \tag{2.19}$$

で与えられる．(2.18) や (2.19) を**ベイズ**(Bayes)**の定理**という．

また，(2.17) を事象が n 個の場合に拡張した

$$P(E) = P(A_1)P(E|A_1) + P(A_2)P(E|A_2) + \cdots + P(A_n)P(E|A_n) \tag{2.20}$$

を**全確率の法則**という．

注意 5 $P(A)$ などは結果 E と関係がないので**事前確率**といい，$P(A|E)$ などは結果が起こったあとで原因を考えているので**事後確率**という．

ベイズの定理はさまざまな分野で応用されている．例を挙げておこう．

例題 2.6

ある病気にかかっている割合は 1% といわれている．この病気の検査法では，対象者がその病気にかかっているときは 99.7% の確率で陽性となり，かかっていないときは 0.6% の確率で誤って陽性となる．この検査法で陽性となった人が病気にかかっている確率を求めよう．

【解】 病気にかかっている事象を A，陽性となる事象を E とすると，
 $P(A) = 0.01, P(\bar{A}) = 0.99, P(E|A) = 0.997, P(E|\bar{A}) = 0.006$
である．$A \cup \bar{A} = \Omega, A \cap \bar{A} = \phi$ であるから，(2.18) で $B = \bar{A}$ として，

$$P(A|E) = \frac{P(A)P(E|A)}{P(A)P(E|A) + P(\bar{A})P(E|\bar{A})}$$

$$= \frac{0.01 \times 0.997}{0.01 \times 0.997 + \boxed{\text{ア)}} \times \boxed{\text{イ)}}}$$

$$= \frac{0.00997}{0.01591} \fallingdotseq 0.63 (= 63\%)$$

となる．□

なお，上の【解】の空欄 ア) には 0.99 が，イ) には 0.006 が入る．

この結果から，陽性の人のうち約63％がこの病気にかかっており，約37％の人が病気にかかっていないことになる．それでは陰性のときはどうであろうか．次の問題で調べてみよう．

問題 5　例題 2.6 の検査法で，陰性の人が病気にかかっている確率を求めよう．

第2章　練習問題

1. 4月生まれの人が5人いたとする．そのうち少なくとも2人が同じ誕生日である確率を求めよう．ただし，誕生日は特定の日にかたよっていないとする．

2. 2個のサイコロを24回振ったとき，少なくとも1回6のゾロ目(2個とも6の目)がでる確率を求めよう．

   注意 6　これはメレの問題とよばれている．この問いをきっかけにパスカルが本格的に確率論の研究を始め，解答にあるような正しい確率を与えたということである．

3. ジョーカーも入っているトランプ53枚から，1枚カードをとり出したとき，そのカードがスペードであるかもしくは絵札であるかの確率を求めよう．ただし，ジョーカーは絵札ではない．

4. あるスーパーはA社から60％，B社から40％のピーナッツを仕入れている．また，A社からのピーナッツのうち15％が国産であり，B社からのピーナッツのうち30％が国産である．いま，このスーパーで国産のピーナッツを買ったとき，それがA社のものである確率を求めよう．

5. ある大学の学生の出身地はA県が40％，B県が30％，C県が20％，D県が10％である．またそれぞれの県で女子学生の占める割合はA県が20％，B県が30％，C県が20％，D県が40％である．この大学の女子学生1人に出会ったとき，彼女がA県出身である確率を求めよう．

第 3 章

離散型確率変数と確率分布

> 確率変数というものを用いると，第 2 章で説明した確率的なことがらをうまく表現することができる．この章では特に離散的な場合について，確率変数を用いて確率分布や期待値，分散などの重要な量を定義しよう．

3.1 確率変数と確率分布

確率変数 1.1 節で，バスケットボールのフリースローのゴールの回数や，ハンドボール投げの飛距離などについてデータ処理をおこなった．どちらの場合も，得られたデータだけではこれから投げようとする人の回数や飛距離は決まっておらず，あくまで偶然によって変動する数量である．

こうしたデータの解析をおこなうために，**確率変数**(random variable)というものを導入する．そして，得られたデータはその**実現値**であると考える．確率変数は大文字の X や Y などで表し，確率変数の実現値は小文字の x や y などで表す．確率変数は，どの結果が起こるかが偶然に左右される実験をおこなうときに，起こった結果によって変化する数と考えることもできる．

フリースローのゴールの回数のように，確率変数 X がとびとびの値 $x_1, x_2, \cdots, x_n$ しかとらないとき，X を**離散型確率変数**という．とり得る値は $x_1, x_2, \cdots, x_n$ である．本章では離散型確率変数についてさまざまな数学的概念を見ていくことにしよう．

例 1

サイコロ振りででる目を確率変数 X とすると，X のとり得る値は
$$x_1 = 1, \quad x_2 = 2, \quad x_3 = 3, \quad x_4 = 4, \quad x_5 = 5, \quad x_6 = 6$$
の 6 個である．なお，$\{X = 3\}$ は 3 の目がでるという事象を表す．とり得る値がとびとびの値となるので，X は離散型確率変数である．◆

注意 1 この例の場合，とり得る値は有限個であるが，無限個あってもかまわない．

確率変数がとり得る値と，その値をとる割合を表すものを，確率変数の**分布**(distribution)，または**確率分布**という．離散型確率変数は，とり得る値と，それらの確率を表にした**確率分布表**を作ることにより，その分布の様子を知ることができる．

例 2

例 1 の確率変数 X の確率分布表は次の表 3.1 で与えられる.

表 3.1　X の確率分布表

とり得る値	1	2	3	4	5	6	計
確　率	$\frac{1}{6}$	$\frac{1}{6}$	$\frac{1}{6}$	$\frac{1}{6}$	$\frac{1}{6}$	$\frac{1}{6}$	1

この表は，確率変数 X のとり得る値 $x\,(1 \leq x \leq 6)$ に対し，$P(X=1) = \frac{1}{6}$, $P(X=2) = \frac{1}{6}$, $\cdots$, $P(X=6) = \frac{1}{6}$ であることを表している．また，計の欄の 1 は $\sum_{x=1}^{6} P(X=x) = 1$, つまりすべての確率の和が 1 であることを示している．なお，$P(X=x)$ は事象 $\{X=x\}$ が起こる確率，すなわち，x の目がでる確率である． ◆

確率関数　　離散型確率変数 X に対し，**確率関数** (probability function, probability mass function) $p(x)$ を

$$p(x) = P(X = x) \tag{3.1}$$

で定める．確率関数は第 4 章で扱う連続的な場合のよび名から，確率密度関数または確率密度ということもある．

例 3

例 1 のサイコロ振りの場合，表 3.1 より，確率関数 $p(x)$ は次式で与えられる．

$$p(x) = \begin{cases} \dfrac{1}{6} & (x = 1, 2, \cdots, 6\ \text{のとき}) \\ 0 & (\text{その他の}\ x\ \text{のとき}) \end{cases}$$

この確率関数をグラフで描くと，図 3.1 のようになる． ◆

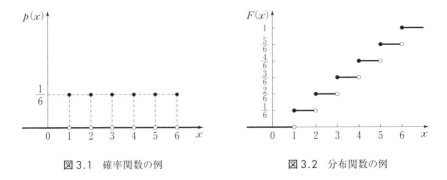

図 3.1　確率関数の例　　　　　図 3.2　分布関数の例

分布関数　　確率変数 X のとる値が x 以下である確率に対して，

$$F(x) = P(X \leq x) \tag{3.2}$$

という関数を考える．この関数を**分布関数**（distribution function）または**累積分布関数**という．なお，$P(X \leq x)$ は事象 $\{X \leq x\}$ が起こる確率である．

例 4

例 1 のサイコロ振りの場合，たとえば $F(4) = P(X \leq 4)$ は $X = 1, 2, 3, 4$ となる確率だから，$\frac{1}{6} + \frac{1}{6} + \frac{1}{6} + \frac{1}{6} = \frac{1}{6} \times 4 = \frac{2}{3}$ である．$F(2.5) = P(X \leq 2.5)$ は $X = 1, 2$ となる確率だから，$\frac{1}{6} \times 2 = \frac{1}{3}$ である．分布関数をグラフで描くと図 3.2 のようになる．◆

図 3.2 からもわかるように，離散型確率変数 X の分布関数 $F(x)$ は次のような性質をもつ．

（1）　$F(x)$ は x について広義単調増加関数．
　　　すなわち，$a < b$ ならば $F(a) \leq F(b)$．
（2）　$F(-\infty) = \lim_{x \to -\infty} F(x) = 0$, $F(\infty) = \lim_{x \to \infty} F(x) = 1$

（3） $a < b$ のとき，
$$F(b) - F(a) = P(X \leq b) - P(X \leq a)$$
$$= P(a < X \leq b).$$

（4） $F(x) = \displaystyle\sum_{x_i \leq x} p(x_i).$
ただし，$x_1, x_2, \cdots$ は X のとり得る値である．

例 5

例 4 と同じくサイコロ振りの場合，たとえば $F(4) - F(2.5) = P(X \leq 4) - P(X \leq 2.5) = P(2.5 < X \leq 4)$ は $X = 3$ となる確率と $X = 4$ となる確率を足せばよく，$\dfrac{1}{6} + \dfrac{1}{6} = \dfrac{1}{3}$ である．これは $\displaystyle\sum_{2.5 < x_i \leq 4} p(x_i) = p(3) + p(4)$ と表すこともできる．◆

問題 1 2 個のサイコロを振ったとき，でた目の和を確率変数 X とする．確率変数 X に対する確率関数と分布関数を求め，そのグラフを描こう．

3.2 期待値と分散

確率変数 X の確率関数や分布関数が与えられていると，$\{X = a\}$ や $\{a < X \leq b\}$ など，X についての事象がどういう割合で起こるかは完全にわかる．このとき，確率変数は確率関数や分布関数により定まる確率分布に従っていることになる．しかし，第 1 章と同様，分布の特徴をとらえることも必要である．そのために確率関数や分布関数から定義される量が，期待値や分散などである．期待値と分散の理解は，理工学のみならず，保険や金融商品を選ぶときなどにも役立ち，生きていく上で武器となる．しっかり身につけておこう．

期待値　確率変数 X のとり得る値が $x_1, x_2, \cdots, x_n$ であるとき，X の**期待値**(expectation) $E[X]$ を

$$E[X] = \sum_{i=1}^{n} x_i p(x_i) = x_1 p(x_1) + x_2 p(x_2) + \cdots + x_n p(x_n)$$

(3.3)

で定義する．簡単にいうと，X がとり得ると期待できる値のことである．期待値 $E[X]$ は，1.2 節の平均 (1.1) に対応するもので，X の平均(値)ともいう．平均(mean)の頭文字 m に対応するギリシャ文字 $\overset{\text{ミュー}}{\mu}$ を用いて表すことも多い．

期待値と平均は本質的に同じものであるが，期待値はすぐあとに示すように，より一般的な確率変数の関数 $g(X)$ に対しても用いられる．平均は $E[X]$ そのものに対して使われることが多い．

例 6

例 1 のサイコロ振りの場合，確率関数は例 3 で与えられており，でる目の期待値は

$$\begin{aligned}\mu = E[X] &= \sum_{i=1}^{6} x_i p(x_i) \\ &= \sum_{i=1}^{6} i\, p(i) \\ &= 1 \times \frac{1}{6} + 2 \times \frac{1}{6} + \cdots + 6 \times \frac{1}{6} \\ &= 3.5\end{aligned}$$

である．この例では $p(i)$ がすべて同じなので，(1.1)同様

$$\mu = \frac{1}{6}(1 + 2 + \cdots + 6)$$

と，ふつうの算術平均になっている．◆

例題 3.1

ある宝くじは 1 枚 300 円であり，1000 万枚につき，
3 億円　1 本，1 億円　2 本，5 千万円　2 本，100 万円　100 本，
10 万円　99 本，1 万円　1 万本，3 千円　10 万本，300 円　100 万本
の当たりくじがある．1 枚買ったときの当たる金額の期待値を求めよう．

【解】　たとえば，3 億円が当たる確率は $\dfrac{1}{1000\,万}$ である．他の確率も同様に計算して，期待値は

$$\mu = 3\,億 \times \frac{1}{1000\,万} + 1\,億 \times \frac{2}{1000\,万} + \cdots + 300 \times \frac{100\,万}{1000\,万} = 140.99$$

となる．つまり，1 枚の宝くじを買ったとき，戻ってくることが期待できる金額は約 141 円である．なお，宝くじ 1 枚の金額 300 円との割合は $\dfrac{141}{300} = 0.47 (= 47\%)$ である．　□

以下で期待値はひんぱんに登場する．その際に重要となる性質を見ておこう．一般に確率変数 X の関数 $g(X)$ の期待値 $E[g(X)]$ は

$$E[g(X)] = \sum_{i=1}^{n} g(x_i) p(x_i) \tag{3.4}$$

で与えられる．特に $g(X) = X^k$ ($k = 1, 2, \cdots$) の場合の

$$E[X^k] = \sum_{i=1}^{n} x_i^k p(x_i)$$

を k 次の**モーメント** (moment) という．1 次のモーメントが (3.3) の平均 μ ($=E[X]$) である．

また (3.4) から，X の 2 つの関数 $g_1(X)$ と $g_2(X)$ に対して，

$$E[g_1(X) + g_2(X)] = \sum_{i=1}^{n} \{g_1(x_i) + g_2(x_i)\} p(x_i)$$

$$= \sum_{i=1}^{n} g_1(x_i) p(x_i) + \sum_{i=1}^{n} g_2(x_i) p(x_i)$$
$$= E[g_1(X)] + E[g_2(X)] \qquad (3.5)$$

となることがわかる．

問題 2 確率変数 X に対して，a, b を定数としたとき，

$$E[aX + b] = aE[X] + b \qquad (3.6)$$

となることを示そう．

分散　　確率変数 X の変動の大きさにかかわる量が**分散** $V[X]$ であり，

$$V[X] = E[(X-\mu)^2] = \sum_{i=1}^{n} (x_i - \mu)^2 p(x_i)$$
$$= (x_1-\mu)^2 p(x_1) + (x_2-\mu)^2 p(x_2) + \cdots + (x_n-\mu)^2 p(x_n)$$
$$(3.7)$$

で定義する．平均 μ と同様，1.2 節で導入した (1.4) の分散 s_x^2 に相当する量である．

分散のルート $\sqrt{V[X]}$ が**標準偏差**であり，s に相当するギリシャ文字 σ（シグマ）で表す．このことから，分散 $V[X]$ は σ^2 と書くことも多い．

例 7

例 1 (p.48) のサイコロ振りの場合，例 6 で見たように $\mu = 3.5$ なので，分散は

$$\sigma^2 = V[X] = E[(X-\mu)^2] = \sum_{i=1}^{6} (x_i - 3.5)^2 p(x_i)$$
$$= (1-3.5)^2 \times \frac{1}{6} + (2-3.5)^2 \times \frac{1}{6} + \cdots + (6-3.5)^2 \times \frac{1}{6}$$
$$\fallingdotseq 2.92$$

となる．標準偏差は $\sigma = \sqrt{2.92} \fallingdotseq 1.71$ である．◆

1.2節の図1.3, 図1.4で見たように,標準偏差が大きいとき,分布のばらつきの程度は大きく,標準偏差が小さいとき,分布は平均値のまわりに密集していることになる.標準偏差の代わりに分散といってもよい.

例題 3.2（分散公式）

期待値の性質を用いて

$$V[X] = E[X^2] - \mu^2 \tag{3.8}$$

となることを示そう.

【解】 (3.7)より
$$V[X] = E[(X-\mu)^2] = E[X^2 - 2\mu X + \mu^2]$$
である. (3.5), (3.6)を用いると
$$V[X] = E[X^2] - 2\mu E[X] + \mu^2 = E[X^2] - 2\mu^2 + \mu^2 = E[X^2] - \mu^2.$$
すなわち分散は2次のモーメントから平均の2乗を引いたもので表せる.この結果は定理1.2の分散公式と本質的に同じものである. □

問題 3 確率変数 X に対して,a, b を定数としたとき,

$$V[aX + b] = a^2 V[X] \tag{3.9}$$

となることを示そう.

3.3 多次元確率分布

これまで確率変数が1個の場合を扱ってきた.しかし,さまざまな確率的な事象を考える際,2つ以上の確率変数の和や,確率変数の相互関係を知ることが必要となる.そこで,この節では変数が2つの場合の確率分布を考えることにしよう.

同時確率分布と周辺分布　2つの確率変数 X, Y の組 (X, Y) を2次元確率変数という．X, Y のとり得る値を，それぞれ $0, 1, 2, \cdots, m$ および $0, 1, 2, \cdots, n$ とすると，とり得る値とそれらの起こり得る確率

$$P(X = x, Y = y) \quad (x = 0, 1, 2, \cdots, m \text{ および } y = 0, 1, 2, \cdots, n) \tag{3.10}$$

により (X, Y) の分布が決まるので，これらを (X, Y) の**同時確率分布**または同時分布という．さらに，とり得る値と確率の表(表3.2)を**同時確率分布表**という．表3.2では

$$p_{xy} = P(X = x, Y = y), \quad p_{x\bullet} = \sum_{y=0}^{n} p_{xy}, \quad p_{\bullet y} = \sum_{x=0}^{m} p_{xy}$$

としている．

表3.2　同時確率分布表

X \ Y	0	1	2	$\cdots$	j	$\cdots$	n	計
0	p_{00}	p_{01}	p_{02}	$\cdots$	p_{0j}	$\cdots$	p_{0n}	$p_{0\bullet}$
1	p_{10}	p_{11}	p_{12}	$\cdots$	p_{1j}	$\cdots$	p_{1n}	$p_{1\bullet}$
2	p_{20}	p_{21}	p_{22}	$\cdots$	p_{2j}	$\cdots$	p_{2n}	$p_{2\bullet}$
$\vdots$	$\vdots$	$\vdots$	$\vdots$		$\vdots$		$\vdots$	$\vdots$
i	p_{i0}	p_{i1}	p_{i2}	$\cdots$	p_{ij}	$\cdots$	p_{in}	$p_{i\bullet}$
$\vdots$	$\vdots$	$\vdots$	$\vdots$		$\vdots$		$\vdots$	$\vdots$
m	p_{m0}	p_{m1}	p_{m2}	$\cdots$	p_{mj}	$\cdots$	p_{mn}	$p_{m\bullet}$
計	$p_{\bullet 0}$	$p_{\bullet 1}$	$p_{\bullet 2}$	$\cdots$	$p_{\bullet j}$	$\cdots$	$p_{\bullet n}$	1

なお，確率 $p_{x\bullet}$, $p_{\bullet y}$ について，

$$p_{x\bullet} = \sum_{y=0}^{n} p_{xy} = P(X = x) \tag{3.11}$$

$$p_{\bullet y} = \sum_{x=0}^{m} p_{xy} = P(Y = y) \tag{3.12}$$

が成り立つ. これは次のように考えるとわかる. 確率変数 Y は $0, 1, \cdots, n$ のいずれか 1 つの値をとるので, 全事象は互いに排反な事象 $\{Y = 0\}$, $\{Y = 1\}, \cdots, \{Y = n\}$ に分割できる. よって, $x = 0, 1, \cdots, m$ に対し, 事象 $\{X = x\}$ は

$\{X = x\}$
$= \{X = x, Y = 0\} \cup \{X = x, Y = 1\} \cup \cdots \cup \{X = x, Y = n\}$

と互いに排反な事象に分割することができる. したがって,

$$P(X = x) = \sum_{y=0}^{n} P(X = x, Y = y) = \sum_{y=0}^{n} p_{xy} = p_{x\bullet}. \quad (3.13)$$

が成り立つ. (3.12)が成り立つことも同様に示すことができる. 得られる X, Y の分布は同時確率分布表の周辺にあるので, **周辺分布**という.

表 3.3 X の周辺分布

x	0	1	2	$\cdots$	i	$\cdots$	m	計
$P(X=x)$	$p_{0\bullet}$	$p_{1\bullet}$	$p_{2\bullet}$	$\cdots$	$p_{i\bullet}$	$\cdots$	$p_{m\bullet}$	1

例題 3.3

2 次元確率変数 (X, Y) の同時確率分布が表 3.4 で与えられているとする.

表 3.4 (X, Y) の同時確率分布表

X \ Y	0	1	2	3	計
0	0.0	0.1	0.2	0.0	0.3
1	0.2	0.0	0.0	0.1	0.3
2	0.1	0.2	0.1	0.0	0.4
計	0.3	0.3	0.3	0.1	1

（1） X と Y の周辺分布をそれぞれ書き出してみよう.
（2） X が 2 である確率 $P(X = 2)$ の値を求めよう.

【解】 (1) X の周辺分布は表 3.5, Y の周辺分布は表 3.6 のようになる.

表 3.5 X の周辺分布

x	0	1	2	計
$P(X=x)$	0.3	0.3	0.4	1

表 3.6 Y の周辺分布

y	0	1	2	3	計
$P(Y=y)$	0.3	0.3	0.3	0.1	1

(2) (3.13) を用いると, $P(X=2) = P(X=2, Y=0) + P(X=2, Y=1) + P(X=2, Y=2) + P(X=2, Y=3) = 0.1 + 0.2 + 0.1 + 0.0 = 0.4$ である.

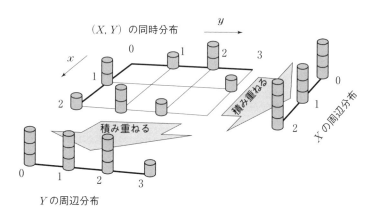

図 3.3 (X, Y) の同時確率分布のイメージ

□

2 次元確率変数 (X, Y) の同時確率分布と周辺分布について,

$$P(X=x, Y=y) = P(X=x)P(Y=y) \quad (3.14)$$

がすべての $x = 0, 1, \cdots, m$ および $y = 0, 1, \cdots, n$ に対して成り立つとき, X と Y は互いに**独立**であるという.

3.3 多次元確率分布

例題 3.4（例題 3.3 の続き）

表 3.4 で同時確率分布が与えられている X, Y は互いに独立であるかどうか調べてみよう．

【解】 表 3.4 より，たとえば $P(X=2, Y=3) = 0.0$ である．$P(X=2) = 0.4$，$P(Y=3) = 0.1$ であるから，
$$P(X=2, Y=3) \neq P(X=2)P(Y=3)$$
であり，(3.14) に反するので，X, Y は独立ではない． □

条件付き確率 2.3 節で定義した条件付き確率 (2.12) は 2 次元確率分布においても考えることができる．たとえば，$Y=y$ のときの X の条件付き確率は，

$$P(X=x \mid Y=y) = \frac{P(X=x, Y=y)}{P(Y=y)} \tag{3.15}$$

で与えられる．ただし，$P(Y=y) > 0$ としている．X と Y が独立のときは $P(X=x \mid Y=y) = P(X=x)$ になる．また，その逆も成り立つ．つまり，独立であるとは，$X=x$ が起こる確率は Y の実現値 y によらないことを意味する．

例題 3.5（例題 3.3 の続き）

表 3.4 の同時確率分布表で，$X=2$ の下で $Y=1$ となる条件付き確率 $P(Y=1 \mid X=2)$ を求めよう．

【解】 (3.15) と同様の式より，

$$P(Y=1 \mid X=2) = \frac{P(X=2, Y=1)}{P(X=2)} = \frac{\boxed{ア)}}{\boxed{イ)}} = \boxed{ウ)}$$

となる． □

なお，上の【解】の空欄 ア) には 0.2 が，イ) には 0.4，ウ) には 0.5 が入る．

問題 4 表 3.4 の同時確率分布において，$X=2$ の下での Y の条件付き分布（とり得る値とその条件付き確率）を表にしよう．

2つの確率変数についての期待値 2つの確率変数 X,Y の関数 $g(X,Y)$ の期待値は同時確率分布を用いて，

$$E[g(X,Y)] = \sum_{x=0}^{m}\sum_{y=0}^{n} g(x,y) P(X=x, Y=y)$$

(3.16)

で定義する．特に，$g(X,Y) = X$ とすると，(3.13) より，

$$E[X] = \sum_{x=0}^{m}\sum_{y=0}^{n} x P(X=x, Y=y) = \sum_{x=0}^{m} x \sum_{y=0}^{n} P(X=x, Y=y)$$
$$= \sum_{x=0}^{m} x P(X=x)$$

が得られるが，これは Y に無関係な X の平均であり，μ_X と書く．同様に，Y の平均 $E[Y] = \mu_Y$ も得られる．

また，$g(X,Y) = (X-\mu_X)^2$ とすると，X の分散

$$V[X] = E[(X-\mu_X)^2] = \sum_{x=0}^{m} (x-\mu_X)^2 P(X=x)$$

が得られ，$g(X,Y) = (Y-\mu_Y)^2$ とすると，Y の分散

$$V[Y] = E[(Y-\mu_Y)^2] = \sum_{y=0}^{n} (y-\mu_Y)^2 P(Y=y)$$

が得られる．

例 8（例題 3.3 のつづき）━━━━━━━━━━━━━━━━━━━

表 3.4 の同時確率分布をもつ確率変数 (X,Y) について，μ_X, μ_Y を計算すると，

$\mu_X = E[X] = 0 \times 0.3 + 1 \times 0.3 + 2 \times 0.4 = 1.1$

$\mu_Y = E[Y] = 0 \times 0.3 + 1 \times 0.3 + 2 \times 0.3 + 3 \times 0.1 = 1.2$

となり，$V[X], V[Y]$ を計算すると，

3.3 多次元確率分布

$$V[X] = (0-1.1)^2 \times 0.3 + (1-1.1)^2 \times 0.3 + (2-1.1)^2 \times 0.4 = 0.69$$

$$V[Y] = (0-1.2)^2 \times 0.3 + (1-1.2)^2 \times 0.3 + (2-1.2)^2 \times 0.3$$
$$+ (3-1.2)^2 \times 0.1$$
$$= 0.96$$

となる. ◆

例題 3.6

2つの確率変数 X, Y について,

$$E[X+Y] = E[X] + E[Y] \tag{3.17}$$

が成り立つことを示そう.

【解】

$$E[X+Y] = \sum_{x=0}^{m} \sum_{y=0}^{n} (x+y) P(X=x, Y=y)$$
$$= \sum_{x=0}^{m} \sum_{y=0}^{n} x P(X=x, Y=y) + \sum_{x=0}^{m} \sum_{y=0}^{n} y P(X=x, Y=y)$$
$$= \sum_{x=0}^{m} x P(X=x) + \sum_{y=0}^{n} y P(Y=y)$$
$$= E[X] + E[Y] \qquad \square$$

問題 5 確率変数 X, Y が独立のとき,
$$E[XY] = E[X]E[Y] \tag{3.18}$$
となることを示そう.

共分散　2つの確率変数の関数の期待値として例示した μ_X, μ_Y, $V(X), V(Y)$ は1変数のものと変るところはないが, 2次元分布特有の期待値として,

$$Cov(X, Y) = E[(X-\mu_X)(Y-\mu_Y)] \tag{3.19}$$

で定義する**共分散**がある．これは 1.3 節 (1.17) でデータをもとに定義した共分散と本質的に同じものであることを注意しておこう．$Cov(X, Y)$ は σ_{XY} と書くこともある．共分散は 2 変数の間の関係の程度を示す大切な量である．なお，共分散の定義 (3.19) と分散の定義 (3.7)(p.54) から，
$$Cov(X, Y) = Cov(Y, X), \quad Cov(X, X) = V[X]$$
となることがわかる．

例題 3.7

共分散について，
$$Cov(X, Y) = E[XY] - E[X]E[Y] \tag{3.20}$$
が成り立つことを示そう．

【解】共分散の定義 (3.19) より，
$$\begin{aligned}
Cov(X, Y) &= E[(X - \mu_X)(Y - \mu_Y)] \\
&= E[XY - \mu_X Y - X\mu_Y + \mu_X \mu_Y] \\
&= E[XY] - \mu_X E[Y] - E[X]\mu_Y + \mu_X \mu_Y \\
&= E[XY] - \mu_X \mu_Y \\
&= E[XY] - E[X]E[Y]
\end{aligned}$$
となる．□

なお，(3.20) は 1.3 節定理 1.5 で与えた共分散公式とやはり本質的に同じものである．

例 9

例題 3.3 の表 3.4 で与えられる同時確率分布をもつ確率変数 (X, Y) について，(3.20) を用いて $Cov(X, Y)$ を計算しよう．$g(X, Y) = XY$ とした (3.16) より，
$$\begin{aligned}
E[XY] &= \sum_{x=0}^{2} \sum_{y=0}^{3} xy P(X = x, Y = y) \\
&= 1 \times 3 \times 0.1 + 2 \times 1 \times 0.2 + 2 \times 2 \times 0.1 = 1.1
\end{aligned}$$

3.3 多次元確率分布

となる. また, 例8で求めたように $E[X] = 1.1$, $E[Y] = 1.2$ であるので, (3.20)より

$$Cov(X, Y) = E[XY] - E[X]E[Y] = 1.1 - 1.1 \times 1.2 = -0.22$$

である. ◆

(3.20)と(3.18)を用いると, 確率変数 X, Y が独立のときには, $Cov(X, Y) = 0$ となることがわかる. さらにこれを用いて, X, Y が独立のとき,

$$\boxed{V[X + Y] = V[X] + V[Y]} \qquad (3.21)$$

を確かめることができる. いま, $E[X] = \mu_X$, $E[Y] = \mu_Y$ とおくと, (3.17)より $E[X + Y] = \mu_X + \mu_Y$ である. また, 分散の定義(3.7)(p. 54)より

$$V[X + Y] = E[\{(X + Y) - E[X + Y]\}^2]$$
$$= E[\{(X + Y) - (\mu_X + \mu_Y)\}^2]$$

となる. ここで,

$$\{(X + Y) - (\mu_X + \mu_Y)\}^2 = \{(X - \mu_X) + (Y - \mu_Y)\}^2$$
$$= (X - \mu_X)^2 + 2(X - \mu_X)(Y - \mu_Y) + (Y - \mu_Y)^2$$

と変形して, (3.17)と(3.6)(p.54)を用いると,

$$V[X + Y]$$
$$= E[(X - \mu_X)^2] + 2E[(X - \mu_X)(Y - \mu_Y)] + E[(Y - \mu_Y)^2]$$

がわかる. 右辺の第1項, 第3項は(3.7)より, それぞれ $V[X]$, $V[Y]$ である. さらに, 第2項を共分散の定義(3.19)より $Cov(X, Y)$ に書き換えると,

$$V[X + Y] = V[X] + 2Cov(X, Y) + V[Y]$$

を得る．X, Y が独立のときは，$Cov(X, Y) = 0$ なので，(3.21)が得られた．

問題 6 X, Y が独立のとき，$V[X-Y]$ を $V[X], V[Y]$ を用いて表そう．

相関係数　1.3節で2次元データに対して(1.19)で定義した r_{xy} と同様に，

$$\rho(X, Y) = \frac{Cov(X, Y)}{\sqrt{V[X]}\sqrt{V[Y]}} \tag{3.22}$$

で**相関係数**を定義する[1]．これは共分散を適当な量で割り，とる値の範囲を

$$-1 \leq \rho(X, Y) \leq 1 \tag{3.23}$$

となるようにしたものである．期待値や分散と同様，記号は r に相当するギリシャ文字 $\overset{\text{ロー}}{\rho}$ を用いている．(3.23)が成り立つことは，第1章の練習問題5と同様にして示すことができる．

例題 3.8（例題3.3のつづき）

表3.4の同時確率分布をもつ確率変数 (X, Y) について，相関係数 $\rho(X, Y)$ を求めよう．

【解】　例8，9で求めた通り，$V[X] = 0.69, V[Y] = 0.96, Cov(X, Y) = -0.22$ であるので，(3.21)より，

$$\rho(X, Y) = \frac{Cov(X, Y)}{\sqrt{V[X]}\sqrt{V[Y]}} = \frac{-0.22}{\sqrt{0.69}\sqrt{0.96}} \fallingdotseq -0.2703$$

である．□

---

[1] $V[X] = 0$ または $V[Y] = 0$ のときは第1章注意6(p.22)と同様に $\rho(X, Y) = 0$ とする．

3.4 二項分布

確率変数 X, Y が独立のとき $Cov(X, Y) = 0$ であるから，$\rho(X, Y) = 0$ となる．このことを，X と Y は**無相関**，または相関がないという．逆に，$\rho(X, Y) = 0$ であるからといって，X, Y は独立であるとはいえないことに注意しよう．

問題 7 サイコロを振ってでる目を確率変数 X，またその目を 2 乗したものを確率変数 Y とする．X の平均 μ_X，分散 σ_X^2，Y の平均 μ_Y，分散 σ_Y^2，X と Y の相関係数 $\rho(X, Y)$ を求めよう．

3.4 二項分布

離散的な確率分布で，もっとも代表的であり，重要なものが二項分布である．まず次の例を見てみよう．

例 10

ある人がダーツを投げるとき，高得点の部分に当たる確率 p が $\frac{1}{3}$ であるという．当たらない確率は $1 - p = \frac{2}{3}$ である．この人が 5 本ダーツを投げたとき，高得点の部分に当たる回数を確率変数 X とする．たとえば，確率 $P(X = 2)$ を計算してみよう．

5 回のうち 2 回当たる場合の数は，異なる 5 個から任意の 2 個をとる組合せの数 ${}_5C_2 = \dfrac{5!}{2!\,3!} = 10$ 通りである．各場合が起こる確率は，

$$\underbrace{\frac{1}{3} \times \frac{1}{3}}_{\text{2回当たる}} \times \underbrace{\left(1 - \frac{1}{3}\right) \times \left(1 - \frac{1}{3}\right) \times \left(1 - \frac{1}{3}\right)}_{\text{3回当たらない}} = \left(\frac{1}{3}\right)^2 \left(\frac{2}{3}\right)^3$$

である．したがって，

$$P(X = 2) = 10 \times \left(\frac{1}{3}\right)^2 \left(\frac{2}{3}\right)^3 = \frac{80}{243}$$

となる．◆

例10の他の $P(X=x)$ についても計算した結果を，確率分布表として書いたのが，表3.7である．

表3.7　Xの確率分布表

とり得る値	0	1	2	3	4	5	計
確率	$\dfrac{32}{243}$	$\dfrac{80}{243}$	$\dfrac{80}{243}$	$\dfrac{40}{243}$	$\dfrac{10}{243}$	$\dfrac{1}{243}$	1

問題8 例10で $X=2$ の場合の確率を計算した．同様にして，$X=0, 1, 3, 4, 5$ が起こる確率をそれぞれ計算して，表3.7の結果が得られることを確かめよう．

一般に，ある事象 A が起こるか起こらないかの2つの結果しかない試行を独立に n 回おこなうとき，A が x 回起こる確率は，$P(A)=p$ として，

$$P(X=x) = {}_nC_x p^x (1-p)^{n-x} \quad (x=0, 1, 2, \cdots, n)$$
(3.24)

となる．この分布を**二項分布**(binomial distribution)という．二項分布は試行回数 n と，事象 A の起こる確率 p によって分布が完全に定まり，二項の英語 binomial の頭文字をとって，$B(n, p)$ と表す．なお，確率変数 X がこの分布に従うことを

$$X \sim B(n, p)$$

と書く．

確率 p を固定して，n を変化させるときの分布の例を図3.4に示しておこう．試行回数 n が大きくなるにつれて，分布が対称になっていくことがわかる．

3.4 二項分布

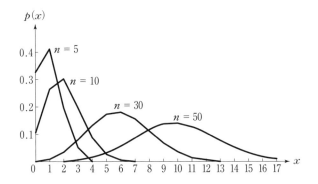

図 3.4　二項分布 $B(n, 0.2)$ の確率関数 $p(x)$

例題 3.9

1問に選択肢が5個あり，そのうち1個だけが正しいとする．各問の正しいものに ○ を付けよ，という問題が6題ある．まったくでたらめに ○ を付けて，4題以上正解になる確率を求めよう．

【解】 6題のうち x 題まぐれ当たりする確率 $P(X = x)$ は (3.23) より，

$$P(X = x) = {}_6C_x \left(\frac{1}{5}\right)^x \left(1 - \frac{1}{5}\right)^{6-x}$$

である．4題以上正解となるのは，$x = 4, 5, 6$ の場合だから，全部加えて，

$P(X = 4) + P(X = 5) + P(X = 6)$

$= {}_6C_4 \left(\frac{1}{5}\right)^4 \left(\frac{4}{5}\right)^2 + {}_6C_5 \left(\frac{1}{5}\right)^5 \left(\frac{4}{5}\right) + {}_6C_6 \left(\frac{1}{5}\right)^6$

$= \dfrac{1}{5^6}\left(15 \times \boxed{ア)} + 6 \times \boxed{イ)} + 1\right) = \dfrac{\boxed{ウ)}}{5^6}$

$\doteqdot 0.01696 (\doteqdot 1.7\%)$

となり，きわめて小さな値である．□

なお，上の【解】の空欄 ア) には 16 が，イ) には 4，ウ) には 265 が入る．

二項分布の平均と分散　　二項分布は名前のとおり，二項定理

$$
\begin{aligned}
(a+b)^n &= \sum_{k=0}^{n} {}_nC_k a^{n-k} b^k \\
&= {}_nC_0 a^n + {}_nC_1 a^{n-1} b + \cdots + {}_nC_k a^{n-k} b^k + \cdots + {}_nC_n b^n \\
&= a^n + n a^{n-1} b + \cdots + \frac{n!}{(n-k)!k!} a^{n-k} b^k + \cdots + b^n
\end{aligned}
\tag{3.25}
$$

と密接に関係している．(3.24)で $1-p=q$ と書くと，$X \sim B(n,p)$ として，

$$
P(X=x) = {}_nC_x p^x q^{n-x} \tag{3.26}
$$

と書けるが，この表現は(3.25)の右辺の各項で $k=x, a=q, b=p$ としたものに等しい．この結果を使うと，まず，

$$
\sum_{x=0}^{n} P(X=x) = P(X=0) + P(X=1) + \cdots + P(X=n) \\
= (q+p)^n = 1
$$

が得られる．すなわち，二項分布も確率の和が1となる条件をたしかに満たしている．

さて，(3.25)を p, q で表した式

$$
\sum_{x=0}^{n} {}_nC_x p^x q^{n-x} = (p+q)^n \tag{3.27}
$$

の両辺を p で微分してみよう．ただし，p だけを変数とし，q は p とは無関係な値とみなす．すると，

$$
\sum_{x=0}^{n} x \, {}_nC_x p^{x-1} q^{n-x} = n(p+q)^{n-1} \tag{3.28}
$$

となる．両辺に p をかけ，その結果の式に $p+q=1$ を代入すると，

$$
\sum_{x=0}^{n} x \, {}_nC_x p^x q^{n-x} = np \tag{3.29}
$$

3.4 二項分布

となる.(3.26)より,左辺は二項分布の期待値 $\mu = \sum_{x=0}^{n} xP(X=x) = \sum_{x=0}^{n} xp(x)$ そのものである.ただし,$p(x) = P(X=x)$ は(3.1)の確率関数である.したがって,

$$\mu = E[X] = np \tag{3.30}$$

となる.なお,1回の試行で事象 A が起こる平均回数が p であると考えると,n 回試行すれば平均は np となることはただちにわかる.

(3.28)の両辺をさらに p で微分すると,

$$\sum_{x=0}^{n} x(x-1)\, {}_nC_x p^{x-2} q^{n-x} = n(n-1)(p+q)^{n-2} \tag{3.31}$$

を得る.両辺に p^2 をかけ,その結果の式に $p+q=1$ を代入すると

$$\sum_{x=0}^{n} (x^2 - x)\, {}_nC_x p^x q^{n-x} = n(n-1)p^2 \tag{3.32}$$

となり,

$$\sum_{x=0}^{n} (x^2 - x)\, {}_nC_x p^x q^{n-x} = \sum_{x=0}^{n} x^2 \, {}_nC_x p^x q^{n-x} - \sum_{x=0}^{n} x\, {}_nC_x p^x q^{n-x}$$

であるから,(3.29)を用いると,

$$\sum_{x=0}^{n} x^2 \, {}_nC_x p^x q^{n-x} = n(n-1)p^2 + np$$

を得る.さらに確率関数 $p(x) = P(X=x) = {}_nC_x p^x q^{n-x}$ であるから,上式は

$$\sum_{x=0}^{n} x^2 p(x) = n(n-1)p^2 + np \tag{3.33}$$

と書ける.ところが,二項分布の分散 $\sigma^2 = V[X]$ は分散公式(3.8)を用いて

$$\sigma^2 = \sum_{x=0}^{n} (x-\mu)^2 p(x) = \sum_{x=0}^{n} x^2 p(x) - \mu^2 \tag{3.34}$$

と表されるから，上の結果を用いて，

$$\sigma^2 = V[X] = \{n(n-1)p^2 + np\} - (np)^2$$
$$= np\{(n-1)p + 1 - np\} = np(1-p) \quad (3.35)$$

を得る．以上の結果を定理にまとめておこう．

定理 3.1 確率変数 X が二項分布 $B(n, p)$ に従うとき，

$$P(X = x) = {}_nC_x p^x (1-p)^{n-x} \quad (x = 0, 1, 2, \cdots, n)$$

であり，期待値と分散は

$$\mu = E[X] = np, \quad \sigma^2 = V[X] = np(1-p)$$

である．

例題 3.10（例題 3.9 の続き）

6 題の問題にでたらめに○を付けるとき，平均何題正解となるか．また，その分散はいくらになるかを求めよう．

【解】定理 3.1 において，$n = 6$, $p = \dfrac{1}{5}$ とすると，

$$\mu = E[X] = np = 6 \times \frac{1}{5} = 1.2$$

となる．よって，平均 1.2 題正解となる．分散は，

$$\sigma^2 = V[X] = np(1-p) = 6 \times \frac{1}{5} \times \left(1 - \frac{1}{5}\right) = \frac{24}{25} = 0.96$$

である． □

問題 9 銀色の玉 9 個，金色の玉 1 個，合計 10 個の玉が入っている箱がある．この箱から 1 個の玉をとっては戻すという操作（この操作を**復元抽出**という）を 3 回おこなうとき，金色の玉を少なくとも 1 回とる確率を求めよう．

3.5 ポアソン分布

ポアソン分布 例10 (p.65) のダーツ投げで, 高得点の部分に当たる確率 p が $\frac{1}{3}$ でなく $\frac{1}{50} = 0.02$ であるとしよう. ダーツを $n = 100$ 回投げたとき, 高得点の部分に当たる回数 X は, 例10と同じく二項分布 $B(100, 0.02)$ に従う. 定理3.1 より平均は $\mu = np = 100 \times 0.02 = 2$ である. 高得点の部分に x 回当たる確率 $P(X = x)$ も定理3.1より計算すると,

$$P(X = 0) = {}_{100}C_0 \left(\frac{1}{50}\right)^0 \left(\frac{49}{50}\right)^{100} \fallingdotseq 0.133$$

$$P(X = 1) = {}_{100}C_1 \left(\frac{1}{50}\right)^1 \left(\frac{49}{50}\right)^{99} \fallingdotseq 0.271$$

となる. 以下同様に,

$P(X = 2) = 0.273, \quad P(X = 3) = 0.182, \quad P(X = 4) = 0.092$

$P(X = 5) = 0.035, \quad P(X = 6) = 0.011, \quad \cdots$

となり, X が大きくなるにつれて確率はどんどん 0 に近づく. これは高得点の部分にめったに当たらないこと ($p = 0.02$) と整合する.

このようにめったに起こらない事象に対して, 何回も試行をおこなったときは, 二項分布の近似となる分布を考えることができる. その近似分布を求めよう. (3.23) に $\mu = np$ から得られる $p = \frac{\mu}{n}$ を代入すると,

$$P(X = x) = \frac{n(n-1)\cdots(n-(x-1))}{x!} \left(\frac{\mu}{n}\right)^x \times \left(1 - \frac{\mu}{n}\right)^{n-x}$$

$$= \frac{\mu^x}{x!} \cdot 1 \cdot \left(1 - \frac{1}{n}\right) \cdot \left(1 - \frac{2}{n}\right) \cdots \left(1 - \frac{x-1}{n}\right)$$

$$\times \left\{\left(1 - \frac{\mu}{n}\right)^{-n/\mu}\right\}^{-\mu} \left(1 - \frac{\mu}{n}\right)^{-x} \quad (3.36)$$

となる. いま, x や μ は一定の値であるとして, $n \to \infty$ の極限をとると,

$$\lim_{n \to \infty} \left(1 - \frac{\mu}{n}\right)^{-n/\mu} = e$$

であること，$\frac{1}{n}, \frac{2}{n}, \cdots, \frac{x-1}{n}$ や $\frac{\mu}{n}$ はすべて 0 に近づくことを用いて，近似となる分布は

$$P(X=x) = \frac{\mu^x}{x!}e^{-\mu} \quad (x=0,1,2,\cdots) \tag{3.37}$$

となる．この分布を**ポアソン**(Poisson)**分布**といい，平均 μ で分布が完全に決まるので，$Po(\mu)$ と表す．いくつかの μ について分布の様子を示したのが，図 3.5 である．

ポアソン分布は，起こる確率の小さい事象を多数回試行して（その平均があまり大きくないときの），事象が起こる回数の近似分布である．具体的には，ある町の 1 日の交通事故件数や 1 ヶ月の有感地震の回数などがポアソン分布に従う例として知られている．

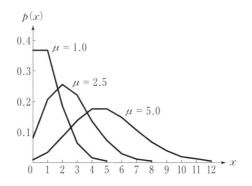

図 3.5 ポアソン分布 $Po(\mu)$ の確率関数 $p(x)$

例題 3.11

ある商店街の洋服店はあまり繁盛しておらず，1 時間に平均 1.5 人しか客が来ないという．1 時間の来客数はポアソン分布に従うとして，1 時間に 1 人も客が来ない確率を求めよう．

【解】 めったに客が来ないので，ポアソン分布が使えるのである．(3.36)に $\mu = 1.5$ を代入して，$P(X=0) = \dfrac{(1.5)^0}{0!} \cdot e^{-1.5} = e^{-1.5} \fallingdotseq 0.223 \, (= 22.3\%)$ となる．□

問題 10 ある人にはあまり電子メールが来ず，1日平均3通という．1日当たりのメールの数はポアソン分布に従うとして，1日に5通以上来る確率を求めよう．

第3章 練習問題

1. 箱の中に $1, 2, \cdots, 5$ の数字が書かれた玉がそれぞれ1個ある．ランダムに2個とり出したとき，書かれている数字の和を確率変数 X とし，確率関数，分布関数を求め，そのグラフを描こう．また，X の平均，標準偏差を求めよう．

2. 2次元確率変数 (X, Y) の同時確率分布が下の表で与えられているとする．

X \ Y	0	1	2	3	計
0	0	0.05	0.1	0	0.15
1	0.05	0.15	0.15	0.05	0.4
2	0.05	0.1	0.1	0.05	0.3
3	0	0.1	0.05	0	0.15
計	0.1	0.4	0.4	0.1	1

   (1) X が2以上である確率 $P(X \geq 2)$ を求めよう．
   (2) 条件付き確率 $P(Y = 2 | X = 3)$ を求めよう．
   (3) X と Y は互いに独立であるかどうか調べてみよう．

3. サイコロを10回振るとき，1の目のでる回数の平均 μ と分散 σ^2 を求めよう．

4. 例10のダーツ投げの場合，100回投げて高得点の部分に当たる回数 X がポアソン分布 $Po(2)$ に従うとして，$P(X = 0)$，$P(X = 2)$，$P(X = 4)$ を求めよう．

5. a, b, c を定数とし，X, Y を確率変数とする．
   (1) $E[aX + bY + c]$ を $E[X]$, $E[Y]$ を用いて表そう．
   (2) X, Y が独立のとき，$V[aX + bY + c]$ を $V[X]$, $V[Y]$ を用いて表そう．

第4章

連続型確率変数と確率分布

　世の中でよく用いられる確率変数は連続的なものが多い．この章では連続型確率変数や確率分布をとり扱うが，基本的な考え方は前章の離散型の場合と同じである．連続型分布でもっとも重要なのは正規分布とよばれるものであり，以降の章の統計のとり扱いでひんぱんに用いられる．

4.1 確率変数と確率分布

確率変数　3.1 節で離散型確率変数と確率分布を導入した．ここでは，ハンドボール投げの飛距離や，あるクラスの学生の身長などのように，確率変数が連続的な値をとる場合，すなわち**連続型確率変数**と確率分布について考えよう．

連続型確率変数 X に対して，X が a と b の間にある確率は

$$P(a < X \leq b) = \int_a^b f(x)\,dx \tag{4.1}$$

のように表すことができる．右辺の $f(x)$ を**確率密度関数**または単に確率密度という．

例 1

ある植物が 1 週間に成長する長さは確率変数であり，その確率密度関数 $f(x)$ は図 4.1 のようになる．ただし，長さの最小値が α，最大値が β である．また，図の陰影部の面積 $\int_a^b f(x)\,dx$ が $P(a < X \leq b)$ である．

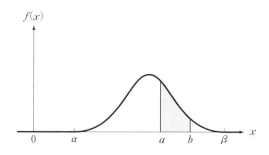

図 4.1　確率密度関数

(4.1) で b が a に十分近いときは，近似的に

$$P(a < X \leq b) \fallingdotseq f(a)(b - a) \tag{4.2}$$

と書ける．◆

注意 1 確率はある区間での積分で表されるため，区間の端が含まれるか含まれないかは確率に関係しない．

例1のように，確率変数のとる値が α と β の間に限られるとき，すべての確率の和は1であるので，確率密度関数 $f(x)$ は

$$\int_\alpha^\beta f(x)\, dx = 1$$

を満たす．また区間 $\alpha \leq x \leq \beta$ の外で $f(x) = 0$ とする．このとき上式は

$$\int_{-\infty}^{\infty} f(x)\, dx = 1 \tag{4.3}$$

と表すことができる．

分布関数 離散型確率変数に対し，分布関数を (3.2)(p.50) で定めた．連続型確率変数についても同様に，X のとる値が x 以下となる確率として，**分布関数**を次で定義する．

$$F(x) = P(X \leq x) = \int_{-\infty}^{x} f(y)\, dy \tag{4.4}$$

例 2（例1の続き）

図 4.1 の確率密度関数に対して，分布関数 $F(x)$ のグラフは図 4.2 のようになる．

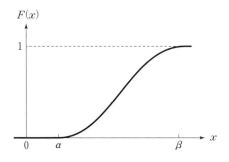

図 4.2 分布関数

この分布関数は，離散型確率変数の分布関数の性質（1）〜（4）(p.50〜51)と同様の性質をもつ．（1），（2），（3）はまったく同じである．（4）は(4.4)となる．

(4.4)を x で微分すると，

$$\frac{dF(x)}{dx} = f(x) \tag{4.5}$$

となる．この式は，分布関数のグラフの曲線上の各点での傾きが，その点での確率密度関数の値になっていることを示している．◆

例題 4.1

関数

$$f(x) = \begin{cases} l & (|x| \leq 1 \text{ のとき}) \\ 0 & (|x| > 1 \text{ のとき}) \end{cases}$$

が確率密度関数になるように l の値を定め，この $f(x)$ に対する分布関数 $F(x)$ を求めよう．

【解】 確率密度関数になるためには，(4.3)が成立しなければならないから，

$$\int_{-\infty}^{\infty} f(x)\,dx = \int_{-1}^{1} l\,dx = [lx]_{-1}^{1} = 2l = 1$$

となる．したがって，$l = \dfrac{1}{2}$ である．このとき，$|x| \leq 1$ に対して

$$F(x) = \int_{-\infty}^{x} f(y)\,dy = \int_{-1}^{x} \frac{1}{2}\,dy = \left[\frac{1}{2}y\right]_{-1}^{x} = \frac{1}{2}(x+1)$$

である．また $x < -1$ に対しては，$F(x) = \boxed{\text{ア)}}$ となり，$x > 1$ に対しては，$F(x) = \boxed{\text{イ)}}$ となる．□

なお，上の【解】の空欄 ア) には 0 が，イ) には 1 が入る．

注意 2 例題 4.1 の分布を，区間 $[-1, 1]$ 上の**一様分布**という．

問題 1 関数
$$f(x) = \begin{cases} ax & (0 \leq x \leq 1 \text{ のとき}) \\ -ax & (-1 \leq x < 0 \text{ のとき}) \\ 0 & (1 < |x| \text{ のとき}) \end{cases}$$
が確率密度関数となるように a の値を定め，この $f(x)$ に対する分布関数 $F(x)$ を求めよう．

4.2 期待値と分散

連続型確率変数に対する期待値(平均)や分散も，離散型と同じように定義できる．離散型で総和であるものを，その極限として定まる積分で表せばよい．

期待値 連続型確率変数 X に対して，期待値は

$$\mu = E[X] = \int_{-\infty}^{\infty} x f(x)\, dx \tag{4.6}$$

で定義する．ただし，$f(x)$ は X の確率密度関数である．

例 3

例題 4.1 の一様分布の確率密度関数

$$f(x) = \begin{cases} \dfrac{1}{2} & (|x| \leq 1 \text{ のとき}) \\ 0 & (|x| > 0 \text{ のとき}) \end{cases} \tag{4.7}$$

について，期待値は

$$\mu = \int_{-\infty}^{\infty} x f(x)\, dx = \int_{-1}^{1} x \cdot \frac{1}{2}\, dx = \left[\frac{x^2}{4}\right]_{-1}^{1} = 0$$

となる．◆

例題 4.2

確率密度関数が

$$f(x) = \begin{cases} \lambda e^{-\lambda x} & (x \geq 0 \text{ のとき}) \\ 0 & (x < 0 \text{ のとき}) \end{cases} \quad (4.8)$$

で与えられているとき,期待値を求めよう.ただし,λ は正の定数である.

【解】 (4.8)を(4.6)に代入し,部分積分すると,

$$\begin{aligned} \mu &= \int_{-\infty}^{\infty} x f(x)\,dx = \int_{0}^{\infty} \lambda x e^{-\lambda x}\,dx \\ &= \lambda \left[x \left(-\frac{1}{\lambda} e^{-\lambda x} \right) \right]_{0}^{\infty} - \lambda \int_{0}^{\infty} \left(-\frac{1}{\lambda} e^{-\lambda x} \right) dx \\ &= \int_{0}^{\infty} e^{-\lambda x}\,dx = \left[-\frac{1}{\lambda} e^{-\lambda x} \right]_{0}^{\infty} = \frac{1}{\lambda} \end{aligned}$$

となる.□

注意 3 (4.8)が表す分布を**指数分布**といい,ある製品が故障するまでの時間や,地震が次に起こるまでの期間などのように,時間の経過にともなってランダムに発生する事象の時間間隔が従う分布として用いられる.

連続型確率変数 X の関数 $g(X)$ の期待値も,離散型と同様に,

$$E[g(X)] = \int_{-\infty}^{\infty} g(x) f(x)\,dx \quad (4.9)$$

で与えられる.特に,$g(X) = X^k$ の場合の

$$E[X^k] = \int_{-\infty}^{\infty} x^k f(x)\,dx \quad (4.10)$$

が k 次のモーメントである.

分散 確率変数の変動の大きさに関わる量,分散 $\sigma^2 = V[X]$ は $(X - \mu)^2$ の期待値として,

$$\sigma^2 = V[X] = E[(X - \mu)^2] = \int_{-\infty}^{\infty} (x - \mu)^2 f(x)\,dx \quad (4.11)$$

で定義される.

注意 4　離散型のときと同様，分散は 2 次のモーメントを用いて，$\sigma^2 = V[X] = E[X^2] - \mu^2$ により求めることができる．

例 4（例 3 の続き）

一様分布 (4.7) について，注意 4 の結果を用いて分散を計算すると，
$$\sigma^2 = \int_{-\infty}^{\infty} x^2 f(x)\, dx - \mu^2 = \int_{-1}^{1} x^2 \cdot \frac{1}{2}\, dx - 0 = \left[\frac{1}{6} x^3\right]_{-1}^{1} = \frac{1}{3}$$
が得られる．◆

例題 4.3

指数分布 (4.8) の分散を求めよう．

【解】 例 4 と同様に，注意 4 の結果を用いて，(4.8) より
$$\sigma^2 = \int_{-\infty}^{\infty} x^2 f(x)\, dx - \mu^2 = \int_{0}^{\infty} \lambda x^2 e^{-\lambda x}\, dx - \frac{1}{\lambda^2}$$
$$= \lambda \left\{ \left[x^2 \left(-\frac{1}{\lambda} e^{-\lambda x}\right)\right]_0^{\infty} + \frac{1}{\lambda} \int_0^{\infty} 2x e^{-\lambda x}\, dx \right\} - \frac{1}{\lambda^2}$$
$$= 2 \int_0^{\infty} x e^{-\lambda x}\, dx - \frac{1}{\lambda^2} = \frac{2}{\lambda^2} - \frac{1}{\lambda^2} = \frac{1}{\lambda^2}$$
となる．ただし，最後の積分には，例題 4.2 の計算を用いている．□

問題 2　確率密度関数が
$$f(x) = \begin{cases} x e^{-x} & (x \geq 0 \text{ のとき}) \\ 0 & (x < 0 \text{ のとき}) \end{cases}$$
で与えられる連続型分布の平均 μ と分散 σ^2 を求めよう．

標準化　離散型確率変数の結果（第 3 章 問題 2，問題 3）と同様，連続型確率変数 X に対して，

$$E[aX + b] = aE[X] + b \tag{4.12}$$

$$V[aX + b] = a^2 V[X] \tag{4.13}$$

が成り立つ．ただし，a, b は定数である．

例題 4.4

$E[X] = \mu$, $V[X] = \sigma^2$ とする.このとき,$Z = aX + b$ について,$E[Z] = 0$, $V[Z] = 1$ となるように a, b を定めよう.

【解】 (4.12), (4.13)を用いて
$$E[Z] = E[aX + b] = aE[X] + b = a\mu + b = 0$$
$$V[Z] = V[aX + b] = a^2 V[X] = a^2 \sigma^2 = 1$$
となればよい.$V[Z]$ の式から $a = \pm 1/\sigma$ を得る.正符号の $a = 1/\sigma$ を選んで,$E[Z]$ の式に代入すると,$b = -a\mu = -\mu/\sigma$ を得る.□

この例題の結果から定まる

$$Z = \frac{X - \mu}{\sigma} \tag{4.14}$$

の操作を**標準化**という.これは第 1 章(1.13)の標準化と本質的に同じものである.

4.3 チェビシェフの不等式

分散や標準偏差が分布のばらつきの程度を示すことを数学的に述べたものにチェビシェフの不等式がある.ここでは,分散の式(4.11)をもとにその不等式を導いておこう.

(4.11)の積分を 3 つの部分に分けると,

$$\sigma^2 = \int_{-\infty}^{\mu - a\sigma} (x - \mu)^2 f(x)\, dx + \int_{\mu - a\sigma}^{\mu + a\sigma} (x - \mu)^2 f(x)\, dx$$
$$+ \int_{\mu + a\sigma}^{\infty} (x - \mu)^2 f(x)\, dx$$

となる.ただし,$a > 0$, $\sigma > 0$ とする.右辺の 3 つの積分の被積分関数はすべて非負であるので,2 番目の積分を 0 でおきかえて,

$$\sigma^2 \geq \int_{-\infty}^{\mu - a\sigma} (x - \mu)^2 f(x)\, dx + \int_{\mu + a\sigma}^{\infty} (x - \mu)^2 f(x)\, dx$$

となる。$x \leq \mu - a\sigma$ および $x \geq \mu + a\sigma$ では $(x-\mu)^2 \geq a^2\sigma^2$ であるから，

$$\sigma^2 \geq \int_{-\infty}^{\mu - a\sigma} a^2\sigma^2 f(x)\,dx + \int_{\mu + a\sigma}^{\infty} a^2\sigma^2 f(x)\,dx$$
$$= a^2\sigma^2\{P(X \leq \mu - a\sigma) + P(X \geq \mu + a\sigma)\}$$
$$= a^2\sigma^2 P(|X-\mu| \geq a\sigma)$$

となる．両辺を $a^2\sigma^2$ で割った式

$$\frac{1}{a^2} \geq P(|X-\mu| \geq a\sigma) \tag{4.15}$$

が**チェビシェフの不等式**である．

この不等式は，確率変数が平均から標準偏差の a 倍以上離れている確率が $\frac{1}{a^2}$ より小さいことを示しており，どんな確率分布に対しても成り立つという特徴をもっている．

例題 4.5

ある大学の男子学生の身長は，平均が 170 cm，標準偏差が 4 cm である．身長が 178 cm より高いか，162 cm より低い学生の比率は何 % 以下であるか．チェビシェフの不等式を用いて求めよう．

【解】 X を身長を表す確率変数として，(4.15) に $\mu = 170, \sigma = 4, a = \frac{8}{4} = 2$ を代入すると，

$$\frac{1}{4} \geq P(|X-170| \geq 8) = P(X \geq 178 \text{ もしくは } X \leq 162)$$

を得る．したがって，解は $\frac{1}{4} \times 100 = 25\,\%$ 以下である．　□

問題 3 ある試験の得点は，平均が 60 点，標準偏差が 10 点であった．40 点から 80 点の得点をとった受験生の比率は何 % 以上であるかをチェビシェフの不等式を用いて調べよう．

4.4　大数の法則と中心極限定理

大数の法則　第2章の経験的確率の項でも述べたように，サイコロを振ったとき1の目がでる確率は $\frac{1}{6}$ であるが，6回振れば必ず1回1の目がでるとは限らない．1の目がでないこともあるし，2回，3回とでることもある．しかし，1の目がでる回数は600回振ると100回に，6000回振ると1000回に近づく．

いいかえると，1回1回の試行である事象が起こるかどうかは確率的にしかわからないが，試行回数を増やせば増やすほど，その事象の起こる割合は一定の値 p に近づくことになる．この事実は確率統計で重要な次の定理の1つの例である．

> **定理 4.1（大数の法則）**　n 個の確率変数 $X_1, X_2, \cdots, X_n$ が互いに独立で平均 μ の分布に従うとする．n が十分大きいとき，$X = \dfrac{1}{n}\sum_{i=1}^{n} X_i$ はほぼ μ に等しい．

大数の法則は二項分布だけでなくどんな分布に対してもあてはまるものであり，経験的確率を数学的に扱う大切な根拠になっている．

例題 4.6

サイコロを n 回振る．i 回目に1の目がでると値1をとり，でないと値0をとる確率変数を X_i とする $(i = 1, 2, \cdots, n)$．$X_1, X_2, \cdots, X_n$ は互いに独立であり，それぞれの平均は $\mu = E[X_i] = 1 \times P(X_i = 1) + 0 \times P(X_i = 0) = \dfrac{1}{6}$ である．n が十分大きいとき，$X = \dfrac{1}{n}\sum_{i=1}^{n} X_i$ はほぼ $\dfrac{1}{6} (= \mu)$ に等しいことを確かめよう．

【解】　$T = \sum_{i=1}^{n} X_i$ とおく．T は n 回のうち1の目がでる回数であるから，$p =$

$\frac{1}{6}$ として,$T \sim B(n, p)$ である.したがって,定理 3.1(p.70) より,$E[T] = np$,$V[T] = np(1-p)$ となる.ところで,$X = \frac{T}{n}$ なので,第 3 章 問題 2 の結果より,$E[X] = \frac{1}{n}E[T] = \frac{1}{n} \cdot np = p$,第 3 章 問題 3 の結果より,$V[X] = \frac{1}{n^2}V[T] = \frac{1}{n^2} \cdot np(1-p) = \frac{p(1-p)}{n}$ となる.n が十分大きいとき,分散 $V[X]$ はほぼ 0 となり,X の分布は平均 $p = \frac{1}{6}$ のまわりに密集することになる.つまり,X はほぼ $\frac{1}{6}(=\mu)$ に等しい.□

例題 4.6 の結果は図 4.3 を見てもわかる.この図は $n = 5, 10, 20, 50$ のときの X の分布を表している.ただし,$f(x) = nP(X = x)$ としている.グラフを見やすくするために,確率 $P(X = x)$ を n 倍した $f(x)$ を用いていることに注意しよう.たとえば $n = 5$ のとき,$X = \frac{1}{5}\sum_{i=1}^{n} X_i$ のとる値は $0, 0.2, 0.4, 0.6, 0.8, 1$ であり,$f(0) = 5P(X = 0) = 5 \times \left(\frac{5}{6}\right)^5 \fallingdotseq 2.009$,$f(0.2) = 5P(X = 1) = 5 \times 5 \times \left(\frac{5}{6}\right)^4 \times \left(\frac{1}{6}\right) \fallingdotseq 2.009$ な

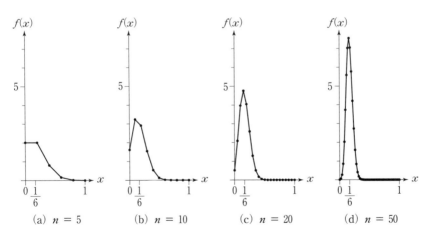

図 4.3　$f(x)$ のグラフ

どとなる．図から n を増すと，X の分布は $\mu = \dfrac{1}{6} \fallingdotseq 1.667$ のまわりに密集することが見てとれる．

問題 4 例題 4.6 のサイコロ振りの X の分布に対し，チェビシェフの不等式 (p. 83) を用いて，$P\left(\left|X - \dfrac{1}{6}\right| < \varepsilon\right) \geq 1 - \dfrac{5}{36\varepsilon^2 n}$ となることを示そう．ただし，ε は正の定数である．

中心極限定理 ここで，例題 4.6 の結果についてもう一度考えてみる．$X = \dfrac{1}{n}\displaystyle\sum_{i=1}^{n} X_i$ の分布の平均は $E[X] = p$，分散は $V[X] = \dfrac{p(1-p)}{n}$ であり，n を大きくすると分布は平均のまわりに密集した．いま，n が増えても分散が変わらないように，(4.14) で定めた標準化として，

$$Z = \frac{X - p}{\sqrt{\dfrac{p(1-p)}{n}}} = \frac{\sqrt{n}}{\sqrt{p(1-p)}}(X - p) \tag{4.16}$$

をおこない，Z の分布を見てみよう．

図 4.4 (a) 〜 (e) はそれぞれ $n = 5, 10, 20, 50, 100$ に対する Z の分布を棒グラフで表したもので，$f(z) = \sqrt{np(1-p)}P(Z = z)$ である．ただし，棒グラフは図の z の範囲内にあるものだけを描いている．また，図 4.4(f) は

$$g(z) = \frac{1}{\sqrt{2\pi}} e^{-\frac{z^2}{2}} \tag{4.17}$$

のグラフであり，$g(z)$ を確率密度関数とする分布を**標準正規分布**とよぶ．

図から，n を大きくすると，$f(z)$ はどんどん $g(z)$ に近づいていくことが見てとれる．すなわち，確率変数 X が従う二項分布 $B(n, p)$ に対して，(4.16) で Z を定義したとき，n を大きくしていくと Z の分布は (4.17) の標準正規分布に近づくことがわかった．この事実はやはり確率統計で重要な次の定理の 1 つの例である．

4.4 大数の法則と中心極限定理

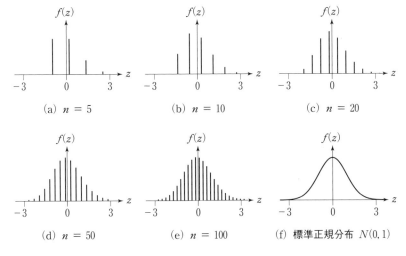

図 4.4 Z の分布と標準正規分布

定理 4.2（中心極限定理） 確率変数 $X_1, X_2, \cdots, X_n$ が互いに独立で，平均 μ，分散 σ^2 をもつ同じ分布に従っているとする．$X = \dfrac{1}{n}\sum_{i=1}^{n} X_i$ に対して，

$$Z = \frac{\sqrt{n}}{\sigma}(X - \mu) \tag{4.18}$$

とすると，n を大きくしたとき Z の分布は標準正規分布 (4.17) に近づく．

中心極限定理は，二項分布だけでなく，もっと一般的な分布に対しても成り立つ強力な定理であり，次章以降の統計処理をおこなう際に非常によく用いられる．

問題 5 例題 4.6 の X_i について，分散 $\sigma^2 = V[X_i]$ を求め，(4.16) の Z が (4.18) の Z と一致することを確かめよう．

4.5 正 規 分 布

前節で二項分布の極限として得られた標準正規分布(4.17)は理工学の広い分野で用いられている.二項分布がさまざまな離散型確率分布の出発点として大切なものであるのに対して,正規分布は実用上もっとも重要な連続型確率分布である.正規分布は,ガウスが測定誤差の研究で見つけたので,ガウス分布または誤差分布ということもある.

標準正規分布から一般の正規分布へ　まず,前節で得られた標準正規分布の性質を調べてみよう.標準正規分布の確率密度関数(4.17)について,以下が成り立つ.

（1）$\displaystyle \int_{-\infty}^{\infty} g(z)\, dz = \int_{-\infty}^{\infty} \frac{1}{\sqrt{2\pi}} e^{-\frac{z^2}{2}}\, dz = 1$ 　　　　(4.19)

（2）$\displaystyle E[Z] = \int_{-\infty}^{\infty} z\, g(z)\, dz = \int_{-\infty}^{\infty} z \cdot \frac{1}{\sqrt{2\pi}} e^{-\frac{z^2}{2}}\, dz = 0$ 　(4.20)

（3）$\displaystyle V[Z] = \int_{-\infty}^{\infty} (z-\mu)^2 g(z)\, dz = \int_{-\infty}^{\infty} z^2 \cdot \frac{1}{\sqrt{2\pi}} e^{-\frac{z^2}{2}}\, dz = 1$
$$\tag{4.21}$$

（4）$\displaystyle P(a < Z \leq b) = \int_{a}^{b} g(z)\, dz = \int_{a}^{b} \frac{1}{\sqrt{2\pi}} e^{-\frac{z^2}{2}}\, dz$ 　　(4.22)

性質(1)から確率密度関数 $g(z)$ はすべての確率の和が1である条件(4.3)を満たしていることがわかる.(4.19)を示すためには微分積分における2重積分の公式を用いればよい[1].

性質(2),(3)は標準正規分布の平均,分散がそれぞれ0,1であることを示している.性質(4)は(4.1)の確率を具体的に確率密度関数で表したものである.

---

1) たとえば,本シリーズの川野・薩摩・四ツ谷共著『微分積分＋微分方程式』裳華房 (2004年) p.151 を参照するとよい.

4.5 正規分布

例題 4.7

標準正規分布の確率密度関数について，(4.20)が成り立つことを示そう．

【解】 $\int_{-\infty}^{\infty} z \frac{1}{\sqrt{2\pi}} e^{-\frac{z^2}{2}} dz = \left[-\frac{1}{\sqrt{2\pi}} e^{-\frac{z^2}{2}} \right]_{-\infty}^{\infty} = 0 - 0 = 0.$ □

問題 6 標準正規分布の確率密度関数について，(4.21)が成り立つことを示そう．

さて，標準正規分布の確率変数 Z の代わりに変数変換した確率変数 $X = c_1 Z + c_2$ ($c_1 > 0$ とする) に対する確率分布はどうなるだろうか．まず X の期待値 $\mu = E[X]$ は (4.12) と (4.20) より，

$$\mu = E[X] = c_1 E[Z] + c_2 = c_1 \cdot 0 + c_2 = c_2$$

となる．次に X の分散 $\sigma^2 = V[X]$ は (4.13) と (4.21) より，

$$\sigma^2 = V[X] = c_1^2 V[Z] = c_1^2 \cdot 1 = c_1^2$$

となる．平均 μ と分散 σ^2 を用いると，変数変換は $X = \sigma Z + \mu$ と書くことができる．すなわち，$Z = \dfrac{X - \mu}{\sigma}$ である．これは標準化の式 (4.14) に他ならない．

新しい確率変数 X について，X が α と β の間にある確率 $P(\alpha < X \leq \beta)$ を考えてみよう．$X = \sigma Z + \mu$ を代入すると，

$$P(\alpha < X \leq \beta) = P(\alpha < \sigma Z + \mu \leq \beta) = P\left(\frac{\alpha - \mu}{\sigma} < Z \leq \frac{\beta - \mu}{\sigma} \right)$$

となる．さらに，(4.22) より

$$P(\alpha < X \leq \beta) = \int_{(\alpha - \mu)/\sigma}^{(\beta - \mu)/\sigma} \frac{1}{\sqrt{2\pi}} e^{-\frac{z^2}{2}} dz$$

が得られる．上の積分の積分変数変換として，標準化の式 $z = \dfrac{x - \mu}{\sigma}$ を用いると，上式は

$$P(\alpha < X \leq \beta) = \int_\alpha^\beta \frac{1}{\sqrt{2\pi}} e^{-\frac{1}{2} \left(\frac{x - \mu}{\sigma} \right)^2} \cdot \frac{1}{\sigma} dx$$

$$= \int_\alpha^\beta \frac{1}{\sqrt{2\pi}\sigma} e^{-\frac{(x - \mu)^2}{2\sigma^2}} dx$$

となる．以上の結果，(4.1) より，

$$f(x) = \frac{1}{\sqrt{2\pi}\sigma} e^{-\frac{(x-\mu)^2}{2\sigma^2}} \qquad (4.23)$$

が確率変数 X に対する確率密度関数になる．

この分布を平均 μ，分散 σ^2 の**正規分布** (normal distribution) といい，$N(\mu, \sigma^2)$ で表す．$f(x)$ のグラフを図 4.5 に描いておこう．標準正規分布は，とくに $\mu = 0, \sigma^2 = 1$ の場合に相当するので，$N(0, 1)$ で表す．

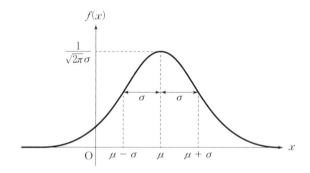

図 4.5　正規分布 $N(\mu, \sigma^2)$ の確率密度関数

以上の結果をまとめておこう．$Z \sim N(0, 1)$ のとき，変数変換 $X = \sigma Z + \mu$ をおこなうと，$X \sim N(\mu, \sigma^2)$ となる．逆に，$X \sim N(\mu, \sigma^2)$ のとき，標準化 $Z = \dfrac{X - \mu}{\sigma}$ をおこなうと，$Z \sim N(0, 1)$ となる．さらに，同様の計算をすることによって，$X \sim N(\mu, \sigma^2)$ のとき，変数変換 $Y = aX + b$ をおこなうと，

$$Y \sim N(a\mu + b, a^2\sigma^2) \qquad (4.24)$$

となることもわかる．

例題 4.8

$X \sim N(2, 4)$ とする．変数変換 $Y = 3X + 4$ をおこなったときの Y の分布を求めよう．

4.5 正規分布

【解】 (4.24) で $\mu = 2$, $\sigma^2 = 4$, $a = 3$, $b = 4$ として, $a\mu + b = 10$, $a^2\sigma^2 = 36$ となるので $N(10, 36)$. □

問題 7 $X \sim N(2, 4)$ とする. 変数変換 $Y = -3X + 2$ をおこなったときの Y の分布を求めよう.

正規分布表を用いた確率の求め方 実際的な問題では, 一般の正規分布 $N(\mu, \sigma^2)$ に従う確率変数 X に対して, $P(\alpha < X \leq \beta)$ などを求めることが必要になる. そのためには, これまで得られた結果を用いて, 標準正規分布 $N(0, 1)$ に従う確率変数 Z に対して, $P\left(\dfrac{\alpha - \mu}{\sigma} < Z \leq \dfrac{\beta - \mu}{\sigma}\right)$ を計算すればよいことになる.

ここでは, 巻末の標準正規分布表 (p.227) を用いて, $N(0, 1)$ に従う確率変数 Z に対する確率を計算する例を見ていこう.

例題 4.9

確率変数 $Z \sim N(0, 1)$ に対し, 標準正規分布表を用いて次の確率を求めよう.

(1) $P(0 < Z \leq 1.74)$ 　　(2) $P(1 < Z \leq 1.74)$
(3) $P(-1.74 < Z \leq 1.38)$

【解】 (1) 標準正規分布表には確率 $P(0 < Z \leq z)$ の値が与えられている. この問題では $z = 1.74$ に対応する値を求めればよい. 表では, z の値の小数第 1 位までが左端に, 小数第 2 位が上端に書かれているので, 表の左端の 1.7 から右に進み, 上端の .04 から下に降りてクロスした数値 0.4591 が求める確率である.

表 4.1 標準正規分布表 (抜粋)

(2) 図 4.6 から見てとれるように,
$$P(1 < Z \leq 1.74) = P(0 < Z \leq 1.74) - P(0 < Z \leq 1)$$
となる. 右辺第 1 項の値は (1) で求めた 0.4591 である. 右辺第 2 項の値は表の

1.00 に対応する値で ア) となる．したがって，

$$P(1 < Z \leq 1.74) = 0.4591 - \boxed{ア)} = \boxed{イ)}$$

である．

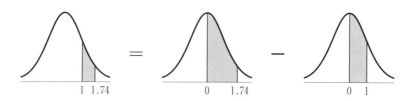

図 4.6　$P(0 < Z \leq 1.74)$ の参考図

（3）$P(-1.74 < Z \leq 1.38) = P(-1.74 < Z \leq 0) + P(0 < Z \leq 1.38)$
である．標準正規分布の確率密度関数のグラフは $z = 0$ に関して左右対称であるので，

$$P(-1.74 < Z \leq 0) = P(0 < Z \leq 1.74)$$

が成り立つ．したがって，

$$P(-1.74 < Z \leq 1.38) = P(0 < Z \leq 1.74) + P(0 < Z \leq 1.38)$$
$$= 0.4591 + \boxed{ウ)} = \boxed{エ)}$$

となる．□

なお，上の【解】の空欄 ア)〜エ) には順に 0.3413, 0.1178, 0.4162, 0.8753 が入る．

注意 5　一般に連続型確率変数 Y に対して 1 点の確率は 0 なので，
$$P(a \leq Y \leq b) = P(a < Y \leq b) = P(a \leq Y < b) = P(a < Y < b)$$
である．

問題 8　確率変数 $Z \sim N(0, 1)$ に対し，標準正規分布表を用いて次の確率を求めよう．

（1）$P(1.56 < Z \leq 2.56)$　　　　（2）$P(-1.25 < Z \leq 0.52)$

4.5 正規分布

これまでに得られた結果を用いて, 一般の正規分布に対する実際的な問題を考えてみよう.

例題 4.10

ある大学の入学試験の得点は正規分布に従っているとする. 試験の満点は1000点で, 平均 μ は650点, 標準偏差 σ は100点である. 得点が次の範囲にある確率を求めよう.

（1） 650点 ～ 770点　（2） 700点 ～ 800点　（3） 550点 ～ 750点

【解】 得点を X とすると, X は $N(650, (100)^2)$ に従っている. 標準化の式 (4.14) を用いると, $Z = \dfrac{X - 650}{100}$ は $N(0, 1)$ に従う.

（1） 求める確率は

$$P(650 \leq X \leq 770) \stackrel{\text{標準化}}{=} P\left(\frac{650 - 650}{100} \leq Z \leq \frac{770 - 650}{100}\right)$$
$$= P(0 \leq Z \leq 1.2).$$

例題 4.9 の (1) と同様に, $z = 1.20$ に対応する値を求めると, 0.3849 である. よって, $P(0 \leq Z \leq 1.2) = 0.3849 (\fallingdotseq 38.5\%)$.

（2） 求める確率は

$$P(700 \leq X \leq 800) \stackrel{\text{標準化}}{=} P\left(\frac{700 - 650}{100} \leq Z \leq \frac{800 - 650}{100}\right)$$
$$= P(0.5 \leq Z \leq 1.5).$$

例題 4.9 の (2) と同様にして,

$$P(0.5 \leq Z \leq 1.5) = P(0 \leq Z \leq 1.5) - P(0 \leq Z \leq 0.5)$$
$$= 0.4332 - 0.1959 = 0.2373 (\fallingdotseq 23.7\%).$$

（3） 求める確率は

$$P(550 \leq X \leq 750) \stackrel{\text{標準化}}{=} P\left(\frac{550 - 650}{100} \leq Z \leq \frac{750 - 650}{100}\right)$$
$$= P(-1 \leq Z \leq 1).$$

例題 4.9 の (3) と同様にして,

$$P(-1 \leq Z \leq 1) = P(-1 \leq Z \leq 0) + P(0 \leq Z \leq 1)$$
$$= 2P(0 \leq Z \leq 1) = 2 \times 0.3413 = 0.6826 (\fallingdotseq 68.3\%). \quad \square$$

一般の正規分布 $N(\mu, \sigma^2)$ の確率密度関数のグラフから，次の事実がわかる (図 4.7).

> 平均 μ のまわりに，片側 σ の幅をとると，その中に確率変数は 68.3% 入る．また，2σ の幅をとると，その中には 95.4% 入る．さらに，3σ の幅をとると，その中には 99.7% 入る．

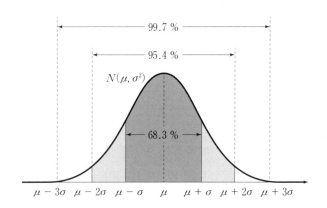

図 4.7 平均 μ のまわりの $\pm 1, 2, 3 \times \sigma$ の範囲の確率

この事実を示すためには，やはり標準化の式 (4.14) を用いればよい．すなわち，

$$P(\mu - k\sigma < X \leq \mu + k\sigma) \stackrel{標準化}{=} P\left(\frac{\mu - k\sigma - \mu}{\sigma} < Z \leq \frac{\mu + k\sigma - \mu}{\sigma}\right)$$
$$= P(-k < Z \leq k)$$

であり，$k = 1, 2, 3$ に対して標準正規分布表から，

$$P(-1 < Z \leq 1) = 2 \times 0.3413 = 0.6826 (\fallingdotseq 68.3\%)$$
$$P(-2 < Z \leq 2) = 2 \times 0.4772 = 0.9544 (\fallingdotseq 95.4\%)$$
$$P(-3 < Z \leq 3) = 2 \times 0.4987 = 0.9974 (\fallingdotseq 99.7\%)$$

が得られる．

注意 6 模擬試験でおなじみの偏差値は,一般の正規分布で $\mu = 50, \sigma = 10$ として,点数を表したものである.たとえば,例題 4.10 の試験で $X = 750$ であったとき,(3) の結果から $X = 650 + 100 =$ (平均) $+$ (標準偏差) となり,偏差値は $\mu + \sigma = 50 + 10 = 60$.

問題 9 例題 4.10 の試験で,780 点であった受験生の偏差値を求めよう.また偏差値が 48 の受験生の得点はいくらか.

標準正規分布の上側パーセント点

Z を標準正規分布 $N(0, 1)$ に従う確率変数とし,$0 < \alpha < 1$ とする.このとき,
$$P(Z > c) = \alpha \tag{4.25}$$
を満たす c を標準正規分布の**上側 $100\alpha\%$ 点**といい,$z(\alpha)$ と表す.

標準正規分布表を用いると,$N(0, 1)$ の上側 $100\alpha\%$ 点を求めることができる.たとえば,$P(0 < Z \leq 1.96) = 0.475$ より,
$$P(Z > 1.96) = P(0 < Z) - P(0 < Z \leq 1.96)$$
$$= 0.500 - 0.475 = 0.025$$
となるので,$N(0, 1)$ の上側 2.5% 点は 1.96 となる.なお,実際的な問題でよく使う上側パーセント点の値は巻末の標準正規分布表の下の表 (p. 227) にまとめてある.

例題 4.11

例題 4.10 で,得点が上位 10% 以内に入るのは何点以上か求めよう.

【解】 $P(Z > c) = 0.1$ となる c を求めればよい.標準正規分布表の下の表より,$c = z(0.1) = 1.282$ である.標準化の式を用いると,$Z = \dfrac{X - 650}{100} > 1.282$ を満たす X が解である.$X > 1.282 \times 100 + 650 = 778.2$ より,解は 779 点以上となる. □

注意 7 上側 $100\alpha\%$ 点は $N(0, 1)$ 以外の分布でも用いるので,この言葉を使うときには,どの分布のものかを明確にしておく必要がある.

問題 10 (4.25)を満たす標準正規分布の上側 $100\,\alpha\%$ 点 c について，
$$P(|Z| > c) = 2P(Z > c)$$
が成り立つことを示そう．ただし，$0 < \alpha \leq \dfrac{1}{2}$ とする．また，この結果を用いて，$P(|Z| > 1.96)$ を求めよう．

4.6 多次元確率分布

同時確率密度関数　たとえば，あるクラスの学生の身長，体重をそれぞれ確率変数 X, Y とすると，図4.8のように，2次元の連続型確率分布になる．これまで述べたように，連続型分布の基本的な考え方は離散型分布と同じである．

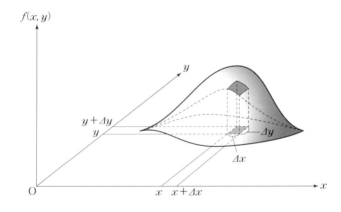

図 4.8　身長と体重の分布

まず，1次元分布の確率(4.1)を拡張して，2次元分布の確率を
$$P(a < X \leq b, c < Y \leq d) = \int_a^b \left\{ \int_c^d f(x, y)\, dy \right\} dx \tag{4.26}$$
と表す．右辺の $f(x, y)$ を**同時確率密度関数**という．分布関数は(4.4)を拡張して，
$$F(x, y) = P(X \leq x, Y \leq y) = \int_{-\infty}^x \left\{ \int_{-\infty}^y f(x', y')\, dy' \right\} dx' \tag{4.27}$$

4.6 多次元確率分布

で与えられる．

同時確率密度関数 $f(x, y)$ について，たとえば Y の値にかかわらず，X がどんな分布をしているかを知りたいときには，$f(x, y)$ を y について全区間で積分した

$$f_X(x) = \int_{-\infty}^{\infty} f(x, y)\,dy \tag{4.28}$$

を用いればよい．同様に，X の値にかかわらない Y の分布は

$$f_Y(y) = \int_{-\infty}^{\infty} f(x, y)\,dx \tag{4.29}$$

で与えられる．$f_X(x)$ や $f_Y(y)$ を**周辺確率密度**という．

例 5

図 4.8 の身長 X，体重 Y の同時確率分布において，(4.28) は体重によらない身長の分布を与えることになる．離散型分布と同様，

$$f(x, y) = f_X(x) f_Y(y) \tag{4.30}$$

がすべての実数 x, y について成り立つとき，X と Y は独立である．◆

例題 4.12

同時確率密度関数

$$f(x, y) = \frac{1}{2\pi} e^{-\frac{x^2+y^2}{2}} \tag{4.31}$$

をもつ X, Y の同時確率分布について，X と Y は独立であることを示そう．

【解】 周辺確率密度 $f_X(x)$ を計算すると，

$$f_X(x) = \int_{-\infty}^{\infty} \frac{1}{2\pi} e^{-\frac{x^2+y^2}{2}} dy = \frac{1}{\sqrt{2\pi}} e^{-\frac{x^2}{2}} \frac{1}{\sqrt{2\pi}} \int_{-\infty}^{\infty} e^{-\frac{y^2}{2}} dy \stackrel{(4.19)}{=} \frac{1}{\sqrt{2\pi}} e^{-\frac{x^2}{2}}.$$

同様に $f_Y(y) = \frac{1}{\sqrt{2\pi}} e^{-\frac{y^2}{2}}$ が得られ，$f(x, y) = f_X(x) f_Y(y)$ が成り立っているので，X と Y は独立である．□

注意 8 例題 4.12 の分布は 2 次元正規分布の特別な場合である．

2つの確率変数についての期待値 　離散型分布のときと同様，2つの確率変数 X, Y の関数 $g(X, Y)$ の期待値を同時確率密度関数を用いて，

$$E[g(X, Y)] = \int_{-\infty}^{\infty} \left\{ \int_{-\infty}^{\infty} g(x, y) f(x, y) \, dy \right\} dx \quad (4.32)$$

で与える．

例 6

$\mu_X = E[X], \mu_Y = E[Y]$ と書くとき，例題 3.7 の離散型分布に対する (3.20) と同様，共分散 $Cov(X, Y)$ を

$$Cov(X, Y) = E[(X - \mu_X)(Y - \mu_Y)] = E[XY] - \mu_X \mu_Y \quad (4.33)$$

と書くことができる．なお，X と Y が独立のときは，$Cov(X, Y) = 0$ となるのも離散型のときと同様である．さらに，$V[X] = E[(X - \mu_X)^2], V[Y] = E[(Y - \mu_Y)^2]$ と書くと，(3.22) と同様，相関係数 $\rho(X, Y)$ を

$$\rho(X, Y) = \frac{Cov(X, Y)}{\sqrt{V[X]}\sqrt{V[Y]}} \quad (4.34)$$

と書くことができる．◆

例題 4.13 （例題 4.12 の続き）

(4.31) の同時確率密度関数をもつ同時確率分布について，相関係数 $\rho(X, Y) = 0$ であることを示そう．

【解】　例題 4.12 の結果から X, Y は独立であり，(4.33) のすぐあとで述べたことから，$Cov(X, Y) = 0$ である．したがって，(4.34) より，$\rho(X, Y) = 0$. □

問題 11 　同時確率密度関数

$$f(x, y) = \begin{cases} e^{-x-y} & (x \geq 0, y \geq 0 \text{ のとき}) \\ 0 & (\text{その他の } x, y \text{ のとき}) \end{cases}$$

を持つ X, Y の同時確率分布について，相関係数 $\rho(X, Y)$ を求めよう．

4.6 多次元確率分布

正規分布の再生性　一般的な正規分布について，以下の定理が成り立つ．

> **定理 4.3**（正規分布の再生性）　X と Y を独立な確率変数とし，$X \sim N(\mu_X, \sigma_X^2)$，$Y \sim N(\mu_Y, \sigma_Y^2)$ とするとき，
> $$X + Y \sim N(\mu_X + \mu_Y, \sigma_X^2 + \sigma_Y^2) \tag{4.35}$$
> が成り立つ．

すなわち，正規分布に従う2つの確率変数の和は，それらが独立なときには，平均も分散も和をとった正規分布に従うという重要な結果である．この性質を正規分布の**再生性**という．一般的な場合に(4.35)を示すには面倒な計算が必要となるが，ここでは比較的簡単な場合について成り立つことを見ておこう．

例題 4.14

$\mu_X = \mu_Y = 0$，$\sigma_X^2 = \sigma_Y^2 = \sigma^2$ のときに(4.35)が成り立つことを示そう．

【解】　X と Y の確率密度関数は，それぞれ

$$f_X(x) = \frac{1}{\sqrt{2\pi}\sigma}e^{-\frac{x^2}{2\sigma^2}}, \quad f_Y(y) = \frac{1}{\sqrt{2\pi}\sigma}e^{-\frac{y^2}{2\sigma^2}}$$

である．X と Y は独立であり，同時確率密度関数は

$$f(x, y) = f_X(x)f_Y(y) = \frac{1}{2\pi\sigma^2}e^{-\frac{x^2+y^2}{2\sigma^2}}$$

となる．このとき，

$$P(a < X + Y \leq b) = \iint_{a < x+y \leq b} \frac{1}{2\pi\sigma^2} e^{-\frac{x^2+y^2}{2\sigma^2}} dx dy$$

と書ける．新しい確率変数 $W = X + Y$ を導入し，$\begin{pmatrix} x \\ w \end{pmatrix} = \begin{pmatrix} x \\ x+y \end{pmatrix}$ と変数変換すると，

$$P(a < X+Y \leq b) = \frac{1}{2\pi\sigma^2}\int_a^b \left\{\int_{-\infty}^{\infty} f(x, w-x)\,dx\right\} dw$$

となる．右辺の積分を具体的に計算すると，

$$P(a < X+Y \leq b) = \frac{1}{2\pi\sigma^2}\int_a^b \left\{\int_{-\infty}^{\infty} e^{-\frac{x^2 + (w-x)^2}{2\sigma^2}}\,dx\right\} dw$$

$$= \frac{1}{2\pi\sigma^2}\int_a^b \left\{\int_{-\infty}^{\infty} e^{-\frac{2\left(x-\frac{1}{2}w\right)^2 + \frac{1}{2}w^2}{2\sigma^2}}\,dx\right\} dw$$

$$= \frac{1}{2\pi\sigma^2}\int_a^b e^{-\frac{w^2}{4\sigma^2}}\left\{\int_{-\infty}^{\infty} e^{-\frac{\left(x-\frac{1}{2}w\right)^2}{\sigma^2}}\,dx\right\} dw$$

$$= \frac{1}{\sqrt{2\pi}\cdot(\sqrt{2}\,\sigma)}\int_a^b e^{-\frac{w^2}{2\cdot(2\sigma^2)}}\,dw$$

となる．最後の式から，$W = X + Y$ は $N(0, 2\sigma^2)$ に従うことがわかる．□

注意 9 正規分布の再生性は確率変数が 3 個以上ある場合にも成り立つ．すなわち $X_1, X_2, \cdots, X_n$ が独立で $X_i \sim N(\mu, \sigma_i^2)$ ($i = 1, 2, \cdots, n$) のとき，

$$\sum_{i=1}^n a_i X_i \sim N\left(\sum_{i=1}^n a_i \mu_i, \sum_{i=1}^n a_i^2 \sigma_i^2\right)$$

となる．

問題 12 $X_1, X_2, \cdots, X_n$ がすべて独立で $N(0, \sigma^2)$ に従うとき，$W_n = X_1 + X_2 + \cdots + X_n$ は $N(0, n\sigma^2)$ に従うことを(4.35)を用いて示そう．

第4章 練習問題

1. 関数
$$f(x) = \begin{cases} c(1-x^2) & (|x| \leq 1 \text{ のとき}) \\ 0 & (\text{その他の } x \text{ のとき}) \end{cases}$$
が確率密度関数になるように c の値を定め，この分布に対する分布関数，期待値，分散を求めよう．

2. ある大学の男子学生の体重 (kg) の分布について，平均は 65，標準偏差は 6 である．体重が 74 以上か，56 以下の学生の比率は何 % 以下であるか．チェビシェフの不等式を用いて求めよう．

3. 確率変数 X が $N(\mu, \sigma^2)$ に従っているとき，変数変換 $Y = aX + b$ をおこなうと，$Y \sim N(a\mu + b, a^2\sigma^2)$ となる．つまり (4.24) (p.90) が成り立つことを示そう．

4. 内容量が 80 g と書いてあるお菓子 500 袋について，内容量 (g) を測ったところ，平均が 82，標準偏差が 0.9 であった．内容量は正規分布に従うとして，80 g 以下しか入っていないお菓子は約何袋あるだろうか．

5. 確率変数 X が $N(2, 36)$ に従っているとき，$P(|X-2| > 6c) = 0.01$ となる定数 c を求めよう．

6. 正規分布の再生性の式 (4.35) が $\mu_Y = 0$，$\sigma_X^2 = \sigma_Y^2 = \sigma^2$ のとき成り立つことを示そう．

第5章

母集団とサンプル

　あるメーカーが消費者のニーズを調べるとき，調査に多くの費用や時間をかけたくないので，消費者すべてを調査することはまれである．このようなとき，対象となる人や物のすべての集まり，つまり母集団を調査するのではなく，そこから選ばれたいくつかの対象，つまりサンプルを調査する．

　この章では，母集団とサンプルの関係，特に，サンプルをまとめて得られる統計量やそれが従う確率分布について学んでいく．

5.1 母集団

　学生の通学時間の平均を知りたいとしよう．このとき，どの範囲の学生を対象とするかをはっきりさせることが必要である．ここでは，ある大学(A大学とよぼう)の学生全員を対象とする．そうすると，問題は「A大学の学生全員の通学時間について，その平均を知りたい」となる．

　このように，多くの人や物などを対象とし，それらの長さや重さ，あるいは通学時間などの特性に関する問題を扱う際，どの範囲の人や物が対象となるかを明確にすることは重要である．対象となる1つ1つ，またはその特性値すべての集まりを**母集団**(population)という．

例 1

　ある店では，ジュースしぼり器でグレープフルーツの果実をしぼり，1杯のジュースとして販売している．このジュース1杯分の量の平均を知りたいとき，販売されたジュース1杯1杯の量全体が母集団となる．◆

問題 1　A大学の学生全員の通学時間について，その平均を知りたいとき，母集団が何であるかを答えよう．

　母集団に含まれる人や物などの対象が，ある性質をもつ(そのことを1で表す)か，もたない(0で表す)かで2つに分けられているとき，この母集団を **0-1母集団** または **二項母集団** という．

例 2

　A大学の学生のうち，自宅から通学している学生の比率を知りたいとき，母集団はA大学の学生すべての集まりである．この母集団は，自宅から通学している学生(1で表す)とそうでない学生(0で表す)に分けられるので，0-1母集団である．◆

例 3

パソコンの CPU(中央処理装置) は，同じ生産工程で作られても，1つ1つの処理速度は同一にはならず，処理速度が高速のもの(1で表す)，中程度の速さのもの(2で表す)，低速のもの(3で表す)ができる．

いま，ある生産ラインで過去1年間に作られた CPU の処理速度別の比率，つまり 1, 2, 3 の比率を知りたいとする．このとき，母集団は，この生産ラインで1年間に作られた CPU 1つ1つの処理速度を表す数値の全体である．

なお，1, 2, 3 のうち特に注目したいものを1に，その他を0に表しなおすと，この母集団は 0-1 母集団とみなすこともできる．◆

母集団にどういう値がどの程度の割合で含まれているかを表すものを**母集団分布**または**母分布**という．母集団に含まれるすべての値を調べたとすると，それらをまとめた表で母集団分布を表すことができる．また，この表をもとに描いたヒストグラムで母集団分布を図示できる．

例 4

例1の母集団について，その分布を図示するため，非現実的ではあるが，販売されたジュース1杯1杯の量をすべて測ったとする．そうして得られたたくさんの数値からヒストグラムを描くと図5.1のようになった．このヒストグラムは母集団分布を図示したものである．ここで，第4章で導入した正規分布のグラフを描くと(図5.2)，2つの図はよく似ているので，この母集団の分布は正規分布であると考えてよい．◆

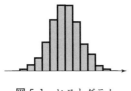

図 5.1 ヒストグラム

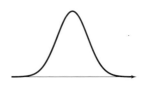

図 5.2 正規分布

母集団分布が正規分布である母集団を**正規母集団**という．平均 μ，分散 σ^2 の正規分布である場合には，より詳細に，正規母集団 $N(\mu, \sigma^2)$ と書く．

母集団分布は，母集団に含まれる対象を調べたかどうかにかかわらず，定まっている．このことを次の例で説明しよう．

例5（例3の続き）

過去1年間に作られたCPUの処理速度を表す数値 1, 2, 3 の比率，つまり母集団分布を考えよう．すでに作られたCPUの処理速度は，それを調べたかどうかにかかわらず，決まっているので，母集団に含まれる 1, 2, 3 の個数も定まっている．ここで，それぞれの個数を n_1, n_2, n_3 で表すと，総数 N は $N = n_1 + n_2 + n_3$ であり，これも定まっている．しかし，それらの値は，調べていなければ未知である．

個数 n_1, n_2, n_3 と総数 N を用いて，1, 2, 3 の個数と比率を表にすると

表5.1 CPUの処理速度を表す数値の分布

処理速度を表す数値	1	2	3	計
個 数	n_1	n_2	n_3	N
比 率	n_1/N	n_2/N	n_3/N	1

となる．この表は母集団分布を表しており，n_1, n_2, n_3 と N は定まっているので，母集団分布も定まっている．◆

例6

例5では，ある生産ラインで過去1年間に作られたCPUについて考えた．では，これから作られるCPUの処理速度に興味がある場合は，どうなるだろうか．

この場合，母集団は，これから作られる無数の仮想的なCPUについての処理速度を表す数値 1, 2, 3 の集まりである．定められた生産工程で作るので，処理速度を表す数値が 1, 2, 3 のCPUができる確率は定まっていると考えられる．ここで，それぞれの確率を p_1, p_2, p_3 で表す．ただし，それらの値は未知である．

そうすると，この生産ラインでは，それぞれの CPU が定まった確率で作られるので，この場合も，母集団分布は定まっている．この母集団分布は，確率 p_1, p_2, p_3 でそれぞれ値 $1, 2, 3$ をとる確率分布である．　◆

母集団分布の特徴を表す量を**母数**またはパラメータ（parameter）という．母集団分布の平均 μ と分散 σ^2 は代表的な母数であり，それぞれ，**母平均**，**母分散**という．なお，母数は μ や σ^2 などギリシャ文字を用いて表すことが多い．

また，0-1 母集団において，1 で表される対象の，全体に対する比率は**母比率**といわれる．これも母数の 1 つである．

例 7

例 2 の 0-1 母集団に含まれるすべて，すなわち A 大学の学生全員を調べたとする．結果は，全学生 5375 人のうち 2236 人が（1 で表している）自宅通学であった．このことより，自宅通学の比率，つまり母比率は $\dfrac{2236}{5375} = 0.416$ である．　◆

例題 5.1

A 大学の全学生 5375 人にバスケットボールのフリースロー（2 投）をしてもらい，1 ゴールを 1 点として 2 投の合計得点を記録し，下の表にまとめた．全員の得点を母集団とするとき，母平均 μ と母分散 σ^2 の値を求めよう．

表 5.2　フリースロー（2 投）の得点の分布（母集団分布）

得　点	0	1	2	計
人　数	2021	2193	1161	5375
比　率	0.376	0.408	0.216	1.000

【解】　この母集団には，0 点が 2021 個，1 点が 2193 個，2 点が 1161 個含まれているので，これらの平均，つまり母平均は

$$\mu = \frac{1}{5375} \times \left(0 \times 2021 + 1 \times 2193 + 2 \times \boxed{\text{ア}} \right) = 0.84$$

である.この計算方法は,度数分布表にまとめられたデータの平均を求める方法 (1.14) (p.17) と同じである.同様に,母分散は (1.15) または (1.16) から $\sigma^2 = 0.5664$ となる. □

なお,上の【解】の空欄 ア)には 1161 が入る.

母集団分布を確率分布ととらえても,母数の値は変わらない.たとえば,例題 5.1 で,母集団分布を,値 0, 1, 2 をとる確率がそれぞれ 0.376, 0.408, 0.216 である確率分布と考えた場合,この分布の平均,すなわち母平均は

$$\mu = 0 \times 0.376 + 1 \times 0.408 + 2 \times 0.216 = 0.84$$

と計算でき ((3.3) (p.52) 参照),例題 5.1 で求めた値と同じである.

5.2 サンプル(標本)

前の節では,母集団分布の形や母数の値を知るため,母集団に含まれるすべての対象を調べた.たとえば,例題 5.1 では,母平均の値を求めるために学生全員 5375 人にフリースローをしてもらった.しかし,そうするには手間がかかり,現実的ではない.

このような場合,母集団すべては調べないで,母集団からいくつかの対象を選び,それらの特性値を調べることになる.こうして得られる特性値の集まりを**サンプル**(sample)または**標本**という[1],得られた特性値の個数を**サンプルサイズ**(sample size)または**標本の大きさ**という.また,対象を選び特性値を得ることを,母集団からサンプルを**とり出す**または**抽出する**という.さらに,とり出したサンプルをもとに母集団分布や母数について調べることを**標本調査**という.

---

[1] 上では,得られた特性値の集まりをサンプルとよんだ.しかし,より厳密には,サンプルの実現値(p.110 参照)というべきである.

5.2 サンプル(標本)

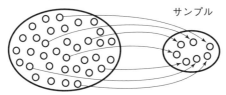

図 5.3 母集団からのサンプルの抽出(イメージ)

例 8

A 大学の学生全員の通学時間について，その平均に興味があるとき，母集団は A 大学の学生全員の通学時間の集まりである(問題 1(p.104)参照)．通学時間の平均，つまり母平均についての情報を得るため，この母集団からサイズ n のサンプルをとり出すには，n 人の学生を選び，通学時間を尋ねるとよい． ◆

注意 1 サンプルをとり出す方法はいくつかあるが，本書では，特に断らない限り，まったくでたらめに対象を選ぶランダムサンプリング(無作為抽出法)のみを扱い，単にサンプルといったときも，ランダムサンプル(random sample, 無作為標本)を表すものとする．

サンプルの分布　ある母集団からとり出すサイズ n のサンプルを扱う前に，まず，ランダムに選ぶ 1 つの対象の特性値 X の確率分布を考えよう．

例題 5.2 (例 5(p.106)の続き)

ある生産ラインで 1 年間に作られたすべての CPU(母集団)から，ランダムに 1 個とり出すとし，その処理速度を表す数値を X とする．このとき，X の確率分布を表にして，母集団分布と同じであることを確かめよう．

【解】 $X = 1$ となるには，総数 N 個の CPU のうち，n_1 個の高速なもののどれか 1 つをとり出すとよいので，$P(X = 1) = \dfrac{n_1}{N}$ となる．同様に，$P(X = 2) = \dfrac{n_2}{N}$, $P(X = 3) = \dfrac{n_3}{N}$ である．以上より，X の確率分布を表にすると

表 5.3 X の確率分布表

X の値	1	2	3	計
確率	n_1/N	n_2/N	n_3/N	1

となる．表 5.3 と表 5.1 と比べると，X の確率分布が母集団分布と同じであることがわかる．なお，n_1, n_2, n_3, N の値は未知であるが，定まっているので，X の確率分布も定まっていることになる．　□

問題 2 例題 5.1 の母集団，つまり 5375 人のフリースローの得点から，ランダムに選ぶ 1 人の得点を X で表すとき，X の確率分布を表にしよう．

ある母集団からランダムに選ぶ 1 つの対象の特性値を X とする．特性値 X の値は，どの対象が選ばれるかの偶然に左右され，一般には変化する．つまり，X は確率変数である．そして，X の確率分布は母集団分布と同じである．たとえば，上の例題 5.2 で調べたように，X が 1 や 2 となる確率は，母集団に含まれる 1 や 2 の割合と等しい．このことからも，一般に，X は母集団分布に従う確率変数であることがわかる．

一方，対象を選び出した後は，その特性値は定まっている．この数値を確率変数 X の **実現値** または **観測値** といい，普通，小文字 x で表す[2]．

次に，母集団からサイズ 2 のサンプル X_1, X_2 をとり出すとき，X_1 と X_2 の確率分布がどうなるかや，これらが独立かどうかを調べてみよう．

例題 5.3（例題 5.2 の続き）

N 個の CPU（母集団）からランダムに 1 つとり出し，さらにもう 1 つ CPU をとり出す．1 つ目，2 つ目の CPU の処理速度を表す数値を，それぞれ X_1, X_2 とする．このとき，X_1 と X_2 の確率分布を調べよう．

【解】確率変数 X_1 は例題 5.2 の X と同じであり，確率分布も同じである．次

---

[2] 3.1 節で述べたように，確率変数は大文字で，その実現値は対応する小文字で表す．

5.2 サンプル(標本)

に, 確率変数 X_2 の分布を調べるために $P(X_2 = 1)$ を求めよう. 全確率の法則((2.20)(p.44))より

$P(X_2 = 1)$
$= P(X_1 = 1)P(X_2 = 1|X_1 = 1) + P(X_1 \neq 1)P(X_2 = 1|X_1 \neq 1)$ (5.1)

である. 右辺にある $P(X_2 = 1|X_1 = 1)$ は, $X_1 = 1$ (1つ目が高速のCPU)の下で $X_2 = 1$ (2つ目が高速のCPU)となる条件付き確率である. 高速のCPUを1個とり出した後, 全体では $N-1$ 個, 高速のCPUは $n_1 - 1$ 個あるので, $X_2 = 1$ となるには, $N-1$ 個のCPUのうち, $n_1 - 1$ 個の高速のCPUのどれかをとり出せばよい. よって,

$$P(X_2 = 1|X_1 = 1) = \frac{n_1 - 1}{N - 1} \quad (5.2)$$

となる. 同様に, $P(X_2 = 1|X_1 \neq 1) = \dfrac{\boxed{ア}}{N-1}$ である.

例題5.2で求めた結果から, $P(X_1 = 1) = \dfrac{n_1}{N}$ であり,

$$P(X_1 \neq 1) = 1 - P(X_1 = 1) = 1 - \frac{n_1}{N} = \frac{N - n_1}{N}$$

である. 求めた確率を(5.1)に代入して計算すると, $P(X_2 = 1) = \dfrac{n_1}{N}$ となる. 同様に, $P(X_2 = 2), P(X_2 = 3)$ を求め, X_2 の確率分布を表にすると

表 5.4 X_2 の確率分布表

X_2 の値	1	2	3	計
確 率	n_1/N	n_2/N	n_3/N	1

となる. この分布は母集団分布(表5.1(p.106))と同じである. □

なお, 上の【解】の空欄 ア) には n_1 が入る.

問題 3 上の例題5.3において, $P(X_2 = 2), P(X_2 = 3)$ を求めよう.

例題 5.4（例題 5.3 の続き）

CPU の処理速度を表す数値 X_1, X_2 は独立かどうかを調べよう．ただし，1年間に作られた CPU の総数 N は十分大きいとする．

【解】 (5.2) より，$P(X_2 = 1 | X_1 = 1) = \dfrac{n_1 - 1}{N - 1} = \dfrac{n_1/N - 1/N}{1 - 1/N}$ である．総数 N は十分大きいので，この確率はほぼ $\dfrac{n_1}{N}$ に等しい．一方，例題 5.3 で求めたように，$P(X_2 = 1) = \dfrac{n_1}{N}$ である．よって，$P(X_2 = 1 | X_1 = 1) = P(X_2 = 1)$ とみなしてよい．

同様に，$i = 1, 2, 3, j = 1, 2, 3$ について，$P(X_2 = j | X_1 = i)$ を求め，$P(X_2 = j)$ と比較すると，N は十分大きいので，ほぼ

$$P(X_2 = j | X_1 = i) = P(X_2 = j) \qquad (i = 1, 2, 3, j = 1, 2, 3)$$

とみなせる．$X_2 = j$ の確率は X_1 の値によらないので，X_1, X_2 は独立とみなしてよい．□

問題 4 上の例題 5.4 において，$P(X_2 = 1 | X_1 = 2)$ を求め，$P(X_2 = 1)$ とほぼ等しいことを確かめよう．

以後，単に母集団と書いても，十分多くの対象からなる母集団であるとする．そうすると，これまでに調べたことから，サンプル $X_1, X_2, \cdots, X_n$ について次の定理が近似的に成り立つ．

定理 5.1 $X_1, X_2, \cdots, X_n$ をある母集団からとり出すサイズ n のサンプルとする．このとき，$X_1, X_2, \cdots, X_n$ は互いに独立な確率変数であり，それぞれの分布は母集団分布と同じである．

特に，正規母集団 $N(\mu, \sigma^2)$ からサンプルをとり出すとき，$X_1, X_2, \cdots, X_n$ は互いに独立であり，それぞれ同一の正規分布 $N(\mu, \sigma^2)$ に従う．

5.2 サンプル(標本)

この定理のように,確率変数 $X_1, X_2, \cdots, X_n$ が互いに独立であり,それぞれ同一の分布に従う (independent and identically distributed) ことを i.i.d. と略記する.たとえば,その分布が正規分布 $N(\mu, \sigma^2)$ であるときは,

$$X_1, X_2, \cdots, X_n \xrightarrow{i.i.d.} N(\mu, \sigma^2) \tag{5.3}$$

のように表す.

例 9

母平均 μ,母分散 σ^2 の母集団からサイズ n のサンプル $X_1, X_2, \cdots, X_n$ をとり出す.このとき,定理 5.1 より,$X_1, X_2, \cdots, X_n$ は互いに独立であり,それぞれ母集団分布に従う確率変数である.また,確率変数の期待値(平均),分散は,その確率変数が従う分布の平均,分散と等しいので,$X_1, X_2, \cdots, X_n$ の期待値(平均)は母平均 μ に等しく,分散は母分散 σ^2 に等しい.つまり,

$$E[X_1] = E[X_2] = \cdots = E[X_n] = \mu,$$
$$V[X_1] = V[X_2] = \cdots = V[X_n] = \sigma^2$$

である.◆

問題 5 問題 2(p.110)の続きとして,X の期待値 $E[X]$ と分散 $V[X]$ を求め,例題 5.1(p.107)で求めた母平均,母分散の値と比べよう.

統計量 母集団からサンプルをとり出して,実現値 $x_1, x_2, \cdots, x_n$ を得たとき,母集団についての何らかの情報を得るため,それら n 個の数値の平均 $\bar{x} = \dfrac{1}{n}\sum_{i=1}^{n} x_i$ ((1.1)(p.5) 参照) や 分散 $s^2 = \dfrac{1}{n}\sum_{i=1}^{n}(x_i - \bar{x})^2$ ((1.4)(p.7)参照)[3] などを計算する.これらは,確率変数としてのサンプル(標本) $X_1, X_2, \cdots, X_n$ についても考えることができ,それぞれ**標本平均**(sample mean),**標本分散**(sample variance)という.式で表すと次のようになる[4].

---

[3] 第1章では,分散を s_x^2 で表したが,どのデータの分散であるかがはっきりしているので,ここでは添え字 x を省いて,s^2 と書いている.

[4] サンプルを実現値ではなく確率変数として扱っているので,標本平均や標本分散も確率変数である.そのことを表すため大文字を使い,$\bar{X}, S^2$ と書いている.

第5章 母集団とサンプル

標本平均
$$\bar{X} = \frac{1}{n}(X_1 + X_2 + \cdots + X_n) = \frac{1}{n}\sum_{i=1}^{n} X_i \qquad (5.4)$$

標本分散
$$S^2 = \frac{1}{n}\{(X_1 - \bar{X})^2 + \cdots + (X_n - \bar{X})^2\}$$
$$= \frac{1}{n}\sum_{i=1}^{n}(X_i - \bar{X})^2 \qquad (5.5)$$

注意2 標本平均は母集団からとり出されるサンプルから求めた平均である．一方，母平均は母集団に含まれるすべての値から求めた平均である．したがって，標本平均 $\bar{X}$ と母平均 μ は別のものである．たとえていえば，標本平均は実測値，母平均は理論値である．なお，これらのことは，標本分散と母分散についても同様である．

サンプル $X_1, X_2, \cdots, X_n$ の実現値 $x_1, x_2, \cdots, x_n$ を得たとき，これらの値から計算した $\bar{x} = \frac{1}{n}\sum_{i=1}^{n} x_i$ を，標本平均 $\bar{X}$ の**実現値**または**観測値**という．同様に，$s^2 = \frac{1}{n}\sum_{i=1}^{n}(x_i - \bar{x})^2$ を，標本分散 S^2 の実現値または観測値という．なお，$\bar{x}, s^2$ を，単に，標本平均，標本分散ということもある．

例10

例8(p.109)の母集団からサイズ5のサンプルをとり出して(A大学の学生から5人を選び，通学時間(分)を尋ねて)，サンプルの実現値 20, 45, 90, 30, 15 を得た．このとき，標本平均の実現値は $\bar{x} = \frac{1}{5}(20 + 45 + \cdots + 15) = 40$ である．

注意2で述べたように，標本平均は母平均とは異なる．しかし，標本平均で母平均の値を見積もることはできる．たとえば，A大学の学生全員の平均通学時間，つまり母平均 μ の値は未知であるが，40(分)と見積もれる．このように，サンプルにもとづいて未知母数の値を見積もることを**推定**といい，第6章で詳しく学ぶ．なお，5人の学生しか調べていないので，μ はちょうど40とはいえない．　◆

標本平均 $\bar{X}$ や標本分散 S^2 のように,サンプル $X_1, X_2, \cdots, X_n$ をまとめたものを**統計量**(statistic)という[5]。統計量についても,サンプルの実現値 $x_1, x_2, \cdots, x_n$ から計算した値を実現値という。また,統計量を未知母数の推定に使うとき**推定量**といい,仮説の検定(第6章参照)に使うとき**検定統計量**という。

例 11

標本平均 $\bar{X}$, 標本分散 S^2 は統計量である。また, $\bar{X}, S^2$ をそれぞれ,母平均 μ, 母分散 σ^2 の推定に使うと,それらは推定量でもある(図5.4参照)。 ◆

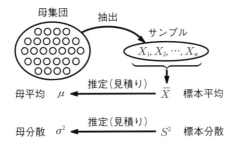

図 5.4 標本平均,標本分散による母平均,母分散の推定のイメージ

母集団に含まれる人や物などの対象が,ある特性をもつ(1で表す)か,もたない(0で表す)かで2つに分けられているとき,この母集団を 0-1 母集団とよんだ(p.104)。この 0-1 母集団からサイズ n のサンプルをとり出すとき, n 個のうち,その特性をもつ対象の比率を**標本比率**という。

例 12

例2(p.104)の母集団,つまり A 大学の学生全員からランダムに24人($n = 24$)を選ぶとき,そのうち(1で表される)自宅通学の学生数を X(人)とする。このとき,標本比率は $\dfrac{X}{n} = \dfrac{X}{24}$ である。 ◆

---

5) より正確には,サンプルをまとめたもののうちで,未知母数に依存しないものを統計量という。これにより,母平均 μ が未知のとき, $\bar{X} - \mu$ などは統計量とよべない。

問題 6 例 12 の続きとして,X の実現値が 9 のとき,標本比率の実現値を求めよう.

5.3 標本平均の分布

この節で,標本平均 $\bar{X}$ の期待値 $E[\bar{X}]$ と分散 $V[\bar{X}]$ を調べる[6].さらに,母集団分布が正規分布のときの $\bar{X}$ の確率分布も調べる.これらは,後の章で学ぶ未知母数の推定や仮説の検定の根幹となる重要なものである.

標本平均の期待値と分散 標本平均 $\bar{X}$ で母平均 μ の値を推定できると例 10 で述べた.そうしてもよい理由として,標本平均の期待値 $E[\bar{X}]$ が母平均 μ と等しいことが挙げられる.このことを,分散 $V[\bar{X}]$ の値とともに,定理として述べよう.

> **定理 5.2** 母平均 μ,母分散 σ^2 の母集団からサイズ n のサンプル $X_1, X_2, \cdots, X_n$ をとり出すとき,標本平均 $\bar{X} = \dfrac{1}{n}\sum_{i=1}^{n} X_i$ の期待値と分散は
> $$E[\bar{X}] = \mu, \quad V[\bar{X}] = \frac{\sigma^2}{n} \tag{5.6}$$
> となる.

【証明】 $X_1, X_2, \cdots, X_n$ は互いに独立であり,それぞれ母集団分布に従う(定理 5.1 参照).よって,それらの期待値はすべて母平均 μ に等しく,分散はすべて母分散 σ^2 に等しい.したがって,期待値と分散は

$$E[\bar{X}] = E\left[\frac{1}{n}\sum_{i=1}^{n} X_i\right] = \frac{1}{n}\sum_{i=1}^{n} E[X_i] = \frac{1}{n}\sum_{i=1}^{n} \mu = \frac{1}{n}n\mu = \mu$$

---

[6] 期待値は平均ともいうので,$E[\bar{X}]$ は「標本平均の平均」といえる.これについて,「平均を二重にとっている」と不思議に思う場合は,章末の補足を参照するとよい.

$$V[\bar{X}] = V\left[\frac{1}{n}\sum_{i=1}^{n}X_i\right] = \frac{1}{n^2}\sum_{i=1}^{n}V[X_i] = \frac{1}{n^2}\sum_{i=1}^{n}\sigma^2 = \frac{1}{n^2}n\sigma^2 = \frac{\sigma^2}{n}$$

となる．□

問題 7 母平均が 40.8，母分散が 519 である母集団からサイズ n のサンプルをとり出す．このとき，(1) $n = 5$，(2) $n = 30$ のそれぞれの場合について，標本平均 $\bar{X}$ の期待値 $E[\bar{X}]$ と分散 $V[\bar{X}]$ の値を求めよう．

標本平均は，サンプルをとり出す際のさまざまな可能性により変動する．このことを，次の例で見てみよう．

例 13

7 人の調査員がそれぞれ，例 8 (p.109) の母集団から 5 人の学生を選んで通学時間 (分) を尋ね，その平均を求めた．つまり，サイズ $n = 5$ のサンプルをとり出して，標本平均の実現値を求めた．調査員ごとに選ぶ学生は異なると考えてよい．したがって，選ばれた学生 5 人の通学時間も異なり，標本平均の実現値も変わる．

実際，7 人の調査員が求めた標本平均の実現値は

   30.5，32.4，49.8，46.0，24.6，41.3，57.6

であった (図 5.5 の ● で表示)．たしかに，とり出したサンプルごとに，標本平均の実現値が変わっている．◆

標本平均 $\bar{X}$ の分散は，定理 5.2 より $\dfrac{\sigma^2}{n}$ である．サンプルサイズ n が大きいほど分散が小さくなるので，$\bar{X}$ の変動は小さくなる．

例 14

例 13 と同様のことを，サンプルサイズを $n = 30$ にしておこなった．その結果，7 人の調査員が求めた標本平均の実現値は

   44.2，37.9，45.1，47.8，36.1，40.5，41.7

であった (図 5.5 の ○ で表示)．例 13 と比較して，サンプルサイズが大きくなると，標本平均の実現値の変動は小さくなることが見てとれる．◆

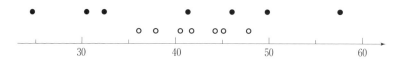

図 5.5 7人の調査員が調べた標本平均の実現値 (●: $n = 5$, ○: $n = 30$)

標本平均の標準化　第4章で，確率変数 X を，期待値が 0，分散が 1 になるように，

$$Z = \frac{X - E[X]}{\sqrt{V[X]}} = \frac{\text{確率変数} - \text{期待値}}{\text{標準偏差}} \qquad (5.7)$$

と変換することを標準化といった ((4.14) (p.82) 参照)．一方，標本平均 $\bar{X}$ の期待値と分散は，定理 5.2 で求めているので，$\bar{X}$ は次のように標準化できる．

定理 5.3　母平均 μ，母分散 σ^2 ($\sigma > 0$ とする) の母集団からとり出すサイズ n のサンプル $X_1, X_2, \cdots, X_n$ の標本平均 $\bar{X} = \dfrac{1}{n}\sum_{i=1}^{n} X_i$ は

$$Z = \frac{\bar{X} - \mu}{\sqrt{\sigma^2/n}} = \frac{\sqrt{n}(\bar{X} - \mu)}{\sigma} \qquad (5.8)$$

のように標準化でき，$E[Z] = 0$，$V[Z] = 1$ である．

問題 8　定理 5.3 において，$E[Z] = 0$，$V[Z] = 1$ を確かめよう．

正規母集団のときの標本平均の分布　次の定理のように正規母集団からサンプルをとり出すとき，標本平均の確率分布は正規分布になる．

定理 5.4　正規母集団 $N(\mu, \sigma^2)$ からサイズ n のサンプル $X_1, X_2, \cdots, X_n$ をとり出すとき，標本平均 $\bar{X} = \dfrac{1}{n}\sum_{i=1}^{n} X_i$ の分布は正規分布 $N\left(\mu, \dfrac{\sigma^2}{n}\right)$ である．さらに，$\bar{X}$ を標準化すると標準正規分布 $N(0, 1)$ に従う．つまり，

$$\bar{X} \sim N\left(\mu, \frac{\sigma^2}{n}\right), \quad Z = \frac{\bar{X} - \mu}{\sqrt{\sigma^2/n}} \sim N(0, 1) \quad (5.9)$$

が成り立つ.

【証明】 サンプル $X_1, X_2, \cdots, X_n$ は,互いに独立であり,それぞれ正規分布 $N(\mu, \sigma^2)$ に従うので,正規分布の再生性(定理 4.3(p.99))から $T = \sum_{i=1}^{n} X_i$ は正規分布に従う.さらに,(4.24)(p.90)から $\bar{X} = \frac{1}{n}T$ も正規分布に従う.定理 5.2(p.116) より,$E[\bar{X}] = \mu$, $V[\bar{X}] = \frac{\sigma^2}{n}$ であるので,$\bar{X} \sim N\left(\mu, \frac{\sigma^2}{n}\right)$ である.次に,$\bar{X}$ を標準化すると,定理 5.3 と (4.24) から

$$Z = \frac{\bar{X} - \mu}{\sqrt{\sigma^2/n}} \sim N(0, 1)$$

がわかる. □

例題 5.5

正規母集団 $N(\mu, 28)$ からサイズ 12 のサンプルをとり出すとき,標本平均と母平均の差の大きさ $|\bar{X} - \mu|$ が 3 以下となる確率 $P(|\bar{X} - \mu| \le 3)$ を求めよう.

【解】 標本平均 $\bar{X}$ を標準化しよう.$\sigma^2 = 28, n = 12$ として定理 5.4 を用いると,$Z = \frac{\bar{X} - \mu}{\sqrt{28/12}} \sim N(0, 1)$ であることがわかる.このことから,

$$P(|\bar{X} - \mu| \le 3) = P\left(\frac{|\bar{X} - \mu|}{\sqrt{28/12}} \le \frac{3}{\sqrt{28/12}}\right) \fallingdotseq P(|Z| \le 1.96) = 0.95$$

となる.なお,$P(|Z| \le 1.96)$ の値は第 4 章の問題 10(p.96)ですでに求めている. □

注意 3 例題 5.5 から,高い確率 $0.95(= 95\%)$ で $|\bar{X} - \mu|$ が 3 以下となり,$\bar{X} - 3 \le \mu \le \bar{X} + 3$ となる.このことは,第 6 章で母平均 μ の区間推定に利用される.

問題9 正規母集団 $N(\mu, 5^2)$ からサイズ 23 のサンプルをとり出す．このとき，
(1) $P(|\overline{X} - \mu| \leq 2)$ を求めよう．
(2) $P(|\overline{X} - \mu| \leq a) = 0.95$ となる a を求めよう．

5.4 標本分散の分布

標本分散 S^2 の期待値や確率分布は，後の章で学ぶ母分散の推定や検定の基礎となる．この節では，まず，S^2 の期待値を求める．次に，χ^2（カイ2乗）分布を導入して，S^2 の分布を調べる．

標本分散の期待値 定理 5.2 で述べたように，標本平均の期待値は母平均と等しい．しかし，次の定理で述べるように，標本分散の期待値は母分散とは異なる．

定理 5.5 母平均 μ，母分散 σ^2 の母集団からサイズ n のサンプル $X_1, X_2, \cdots, X_n$ をとり出す．このとき，標本分散 S^2 の期待値は

$$E[S^2] = \frac{n-1}{n}\sigma^2 \tag{5.10}$$

である．ただし $S^2 = \dfrac{1}{n}\sum_{i=1}^{n}(X_i - \overline{X})^2$, $\overline{X} = \dfrac{1}{n}\sum_{i=1}^{n}X_i$ である．

【証明】 $X_i - \overline{X} = (X_i - \mu) - (\overline{X} - \mu)$ より，
$$(X_i - \overline{X})^2 = (X_i - \mu)^2 - 2(\overline{X} - \mu)(X_i - \mu) + (\overline{X} - \mu)^2$$
である．これを $S^2 = \dfrac{1}{n}\sum_{i=1}^{n}(X_i - \overline{X})^2$ の右辺に代入すると，

$$S^2 = \frac{1}{n}\sum_{i=1}^{n}\{(X_i - \mu)^2 - 2(\overline{X} - \mu)(X_i - \mu) + (\overline{X} - \mu)^2\}$$

$$= \frac{1}{n}\sum_{i=1}^{n}(X_i - \mu)^2 - \frac{2(\overline{X} - \mu)}{n}\sum_{i=1}^{n}(X_i - \mu) + (\overline{X} - \mu)^2$$

となる.さらに,右辺第2項を,$\dfrac{1}{n}\sum_{i=1}^{n}(X_i-\mu) = \dfrac{1}{n}\sum_{i=1}^{n}X_i - \dfrac{1}{n}\sum_{i=1}^{n}\mu$
$= \bar{X} - \mu$ を用いて変形すると,

$$S^2 = \frac{1}{n}\sum_{i=1}^{n}(X_i-\mu)^2 - 2(\bar{X}-\mu)^2 + (\bar{X}-\mu)^2$$

$$= \frac{1}{n}\sum_{i=1}^{n}(X_i-\mu)^2 - (\bar{X}-\mu)^2$$

であることがわかる.ここで,期待値をとると,

$$E[S^2] = \frac{1}{n}\sum_{i=1}^{n}E[(X_i-\mu)^2] - E[(\bar{X}-\mu)^2]$$

となる.$E[(X_i-\mu)^2] = V[X_i] = \sigma^2$ と $E[(\bar{X}-\mu)^2] = V[\bar{X}] = \dfrac{\sigma^2}{n}$
より,

$$E[S^2] = \frac{1}{n}\sum_{i=1}^{n}\sigma^2 - \frac{\sigma^2}{n} = \sigma^2 - \frac{\sigma^2}{n} = \frac{n-1}{n}\sigma^2$$

を得る.この値は σ^2 より小さいことを注意しておこう. □

例題 5.6

母分散が24である母集団からサイズ n のサンプルをとり出す.このとき,$n = 1, 2, 3, 5, 10, 20$ のそれぞれの場合について,標本分散 S^2 の期待値 $E[S^2]$ の値を求めよう.

【解】 母分散は $\sigma^2 = 24$ である.$n = 1$ の場合,定理5.5より,

$$E[S^2] = \frac{n-1}{n}\sigma^2 = \frac{1-1}{1} \times 24 = 0$$

となる.これは驚くべきことではない.サイズ1のサンプルでは,広がりや変動の程度を表す分散を測ることはできないのである.

$n = 2$ の場合は,$E[S^2] = \dfrac{n-1}{n}\sigma^2 = \dfrac{2-1}{2} \times 24 = 12$ となる.同様に,$n = 3, 5, 10, 20$ の場合も計算して,表にまとめると

表 5.5 サンプルサイズ n と標本分散の期待値の関係

n	1	2	3	5	10	20
$E[S^2]$	0	12	16	19.2	21.6	22.8

となる.標本分散の期待値 $E[S^2]$ は,どの場合も母分散 $\sigma^2 = 24$ より小さいが,サンプルサイズ n が増えると $\sigma^2 = 24$ に近づくことがわかる.□

標本分散 S^2 の期待値は母分散 σ^2 より小さいことがわかった.では,どんな量なら期待値が σ^2 と等しくなるのであろうか.

まず,標本分散 S^2 をやや大きくするため,定数 c をかけ,cS^2 とする.この期待値は $E[cS^2] = cE[S^2] = c \times \dfrac{n-1}{n}\sigma^2$ である.これが σ^2 になるには,$c = \dfrac{n}{n-1}$ とすればよい.このとき,

$$cS^2 = \frac{n}{n-1}S^2 = \frac{n}{n-1} \times \frac{1}{n}\sum_{i=1}^{n}(X_i - \bar{X})^2 = \frac{1}{n-1}\sum_{i=1}^{n}(X_i - \bar{X})^2$$

となり,この量の期待値が σ^2 である.

以上より,

$$V = \frac{1}{n-1}\sum_{i=1}^{n}(X_i - \bar{X})^2 \tag{5.11}$$

とおくと,

$$E[V] = \sigma^2 \tag{5.12}$$

である.この V を**不偏分散**,または不偏標本分散という[7].また,不偏分散 V と標本分散 S^2 の間には次の関係式が成り立つ.

$$V = \frac{n}{n-1}S^2 \tag{5.13}$$

---

[7] 不偏分散 V の期待値は母分散 σ^2 と等しい.つまり,V は平均的に,σ^2 より大きくも小さくもなく,偏っていない.このことから,"不偏"分散とよんでいる.

5.4 標本分散の分布

χ^2 分布　以下で紹介する χ^2（カイ2乗）分布は，母分散 σ^2 に関する仮説の検定などに利用される重要な分布であり，標本分散 S^2 の分布を調べる際にも役立つ．また，この分布は，自由度とよばれるパラメータをもっている．

まず χ^2 分布がどんな分布かを述べておこう．k 個の互いに独立な確率変数 $X_1, X_2, \cdots, X_k$ がそれぞれ標準正規分布 $N(0,1)$ に従うとし，$W = \sum_{i=1}^{k} X_i^2$ とおく．このとき，W の分布を自由度 k の **χ^2 分布**といい，χ_k^2 で表す．つまり，

$$X_1, X_2, \cdots, X_k \xrightarrow{i.i.d.} N(0,1) \implies W = \sum_{i=1}^{k} X_i^2 \sim \chi_k^2$$

(5.14)

である．χ^2 分布は，2乗和の分布なので，非負の値をとる確率分布である．

自由度 $k = 1, 2, 3, 5, 10$ の χ^2 分布の確率密度関数のグラフが図 5.6 に描かれている（式は章末を参照）．確率密度関数のグラフは左右非対称であり，右側が長い．また，自由度が大きくなると，グラフは右に寄りながら広がり，左右対称に近づく．なお，自由度が大きいとき，グラフは低く広がっているので，普通，縮尺を調整し（縦方向に伸ばし，横方向に縮め），見やすくする（図 5.7）．

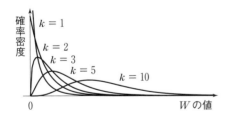

図 5.6　自由度 $k = 1, 2, 3, 5, 10$ の χ^2 分布の確率密度関数のグラフ

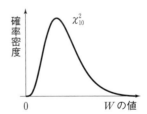

図 5.7　自由度 10 の χ^2 分布の確率密度関数のグラフ

標準正規分布に従う独立な確率変数の 2 乗和により χ^2 分布を定めた．標準正規分布でなく，一般の正規分布 $N(\mu, \sigma^2)$ の場合は，次の例のように，標準化してから 2 乗和をとると χ^2 分布が現れる．

例 15

k 個の確率変数 $X_1, X_2, \cdots, X_k$ は互いに独立であり，それぞれ正規分布 $N(\mu, \sigma^2)$ に従うとする．このとき，$i = 1, 2, \cdots, k$ に対して，$Z_i = \dfrac{X_i - \mu}{\sigma} \sim N(0, 1)$ であり，$Z_1, Z_2, \cdots, Z_k$ は互いに独立になっている．したがって，$W = \displaystyle\sum_{i=1}^{k} Z_i^2$ とおくと，$W \sim \chi_k^2$ であり，

$$W = \sum_{i=1}^{k} Z_i^2 = \sum_{i=1}^{k} \left(\frac{X_i - \mu}{\sigma} \right)^2 = \frac{1}{\sigma^2} \sum_{i=1}^{k} (X_i - \mu)^2 \sim \chi_k^2$$

となる．◆

χ^2 分布の上側 100 α % 点

第 4 章で，標準正規分布の上側 $100\alpha\%$ 点を導入した．同様に，χ_k^2 に従う確率変数 W に対し，$P(W > c) = \alpha$ を満たす c を，自由度 k の χ^2 分布の上側 $100\alpha\%$ 点といい，$\chi_k^2(\alpha)$ で表す．ただし，$0 < \alpha < 1$ とする．

例題 5.7

巻末の χ^2 分布表 (p. 229) から $\chi_5^2(0.05)$ の値を読みとろう．

【解】 $\chi_5^2(0.05)$ は自由度 5 の χ^2 分布の上側 5% 点であり（図 5.8 参照），その値は χ^2 分布表から次のように読みとるとよい（表 5.6 参照）．表の上端にある α の欄の 0.05 から下に降り，また，表の左端にある k の欄の 5 から右に進み，クロスするところにある数値 11.070 が $\chi_5^2(0.05)$ の値である． □

5.4 標本分散の分布

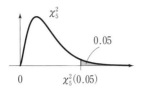

図 5.8 上側 5% 点

表 5.6 χ^2 分布表(抜粋)

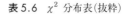
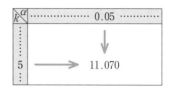

問題 10 χ^2 分布表から $\chi_8^2(0.025)$ と $\chi_{14}^2(0.95)$ の値を読みとろう.

例題 5.8

確率変数 X は自由度 14 の χ^2 分布 χ_{14}^2 に従うとする. このとき,
(1) $P(X < a) = 0.05$ となる a を求めよう.
(2) $P(b \le X \le c) = 0.95$ を満たす b, c を1組見つけよう.

【解】 (1) $P(X > a) = 1 - P(X < a) = 0.95$ となるので, a は自由度 14 の χ^2 分布の上側 95% 点である. よって, χ^2 分布表から, $a = \chi_{14}^2(0.95) = 6.571$ である.

(2) $P(X < b) = 0.025, P(X > c) = 0.025$ となる b, c は $P(b \le X \le c) = 0.95$ を満たす(図 5.9 参照). よって, $b = \chi_{14}^2\left(\boxed{\text{ア)}}\right) = 5.629$, $c = \chi_{14}^2\left(\boxed{\text{イ)}}\right) = 26.119$ とすればよい. □

なお, 上の【解】の空欄 ア) には 0.975 が, イ) には 0.025 が入る.

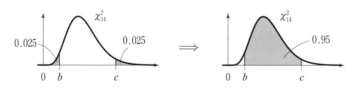

図 5.9 $P(b \le X \le c) = 0.95$ を満たす 1 組の b, c

正規母集団のときの標本分散の分布　正規母集団 $N(\mu, \sigma^2)$ からサイズ n のサンプル $X_1, X_2, \cdots, X_n$ をとり出すときの標本分散の分布を調べよう．X_i を標準化してから2乗和をとると，例15(ただし，k を n と読みかえる)で調べたように，$\dfrac{1}{\sigma^2}\sum_{i=1}^{n}(X_i-\mu)^2 \sim \chi_n^2$ である．この左辺と標本分散 $S^2 = \dfrac{1}{n}\sum_{i=1}^{n}(X_i-\bar{X})^2$ を比べると，2つの違いに気づく．1つ目は分母の違いであり，これは $\dfrac{nS^2}{\sigma^2} = \dfrac{1}{\sigma^2}\sum_{i=1}^{n}(X_i-\bar{X})^2$ とすることにより解消できる．2つ目は，μ と $\bar{X}$ の違いである．この違いにより自由度は1つ小さくなるが，実は $\dfrac{nS^2}{\sigma^2}$ は自由度 $n-1$ の χ^2 分布に従うことが知られている．ここでは，この結果のみ次の定理にまとめ，証明は省略する[8]．

> **定理 5.6**　サイズ n のサンプル $X_1, X_2, \cdots, X_n$ を正規母集団 $N(\mu, \sigma^2)$ からとり出す．このとき，標本分散 $S^2 = \dfrac{1}{n}\sum_{i=1}^{n}(X_i-\bar{X})^2$ の分布について
>
> $$\frac{nS^2}{\sigma^2} = \frac{(n-1)V}{\sigma^2} = \frac{1}{\sigma^2}\sum_{i=1}^{n}(X_i-\bar{X})^2 \sim \chi_{n-1}^2 \quad (5.15)$$
>
> が成り立つ．ただし，$V = \dfrac{1}{n-1}\sum_{i=1}^{n}(X_i-\bar{X})^2$ は不偏分散であり，$\bar{X} = \dfrac{1}{n}\sum_{i=1}^{n}X_i$ は標本平均である．

なお，(5.15)の1つ目の等号は(5.13)により成り立つ．

注意 4　サンプルサイズは n であるが，(5.15)にある χ^2 分布の自由度は $n-1$ である．このことは，次のように考えるとよい．$X_1-\bar{X}, X_2-\bar{X}, \cdots, X_n-\bar{X}$ は自由に変

---

8) 定理5.6の証明は，稲垣宣生 著『数理統計学』(改訂版) 裳華房 (2003年) の定理6.3を参照するとよい．

化する n 個の量と思うかもしれないが，偏差の和は $\sum_{i=1}^{n}(X_i - \bar{X}) = 0$ となる（定理 1.1(p.6)参照）ので，n 個の偏差のうち $n-1$ 個が決まれば，残る 1 個の偏差は決まる．つまり，n 個の偏差のうち $n-1$ しか自由性がないわけである．

問題 11 正規母集団 $N(\mu, \sigma^2)$ からサイズ $n = 15$ のサンプル $X_1, X_2, \cdots, X_{15}$ をとり出すとき，$P\left(a \leq \dfrac{15S^2}{\sigma^2} \leq b\right) = 0.9$ を満たす a, b を 1 組見つけよう．

5.5 正規分布に関連する分布

前の節で，標準正規分布に従う確率変数の 2 乗和の分布として，χ^2 分布を定めた．この節では，標準正規分布と χ^2 分布を用いて，t 分布，F 分布とよばれる 2 つの分布を定める．t 分布，F 分布は，正規分布，χ^2 分布とともに，第 6 章以降で，正規母集団に関する推定や検定をおこなう際に利用される重要な分布である．

t 分布とその上側 $100\,\alpha\%$ 点　　第 7 章で，正規母集団の母平均の推定や検定について詳しく学ぶ．ここでは，その際，必要となる t 分布を紹介しておこう．

確率変数 Z は標準正規分布 $N(0, 1)$ に，確率変数 W は自由度 k の χ^2 分布 χ_k^2 に従うとする．さらに，Z, W は独立とする．$T = \dfrac{Z}{\sqrt{W/k}}$ とおくとき，確率変数 T が従う分布を自由度 k の **t 分布**といい，t_k で表す．

$$\begin{array}{l} Z \sim N(0, 1) \\ W \sim \chi_k^2 \\ Z, W \text{ は独立} \end{array} \implies \boxed{T = \dfrac{Z}{\sqrt{W/k}} \sim t_k} \qquad (5.16)$$

自由度 $1, 3, 7$ の t 分布の確率密度関数のグラフが図 5.10 に描かれている（式は章末を参照）．グラフは左右対称であるという点では，標準正規分布 $N(0, 1)$ の確率密度関数のグラフと似ている．なお，自由度 k を大きくす

るとき，t_k の確率密度関数は標準正規分布の確率密度関数に近づく．

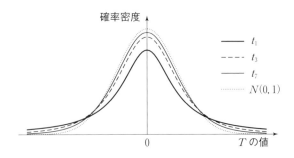

図 5.10　自由度 1，3，7 の t 分布と $N(0,1)$ の確率密度関数のグラフ

t_k に従う確率変数 T に対し，$P(T > c) = \alpha$ を満たす c を，自由度 k の t 分布の上側 $100\alpha\%$ 点といい，$t_k(\alpha)$ で表す．ただし，$0 < \alpha < 1$ とする．

例題 5.9

巻末の t 分布表 (p.228) から $t_7(0.05)$ の値を読みとろう．

【解】$t_7(0.05)$ は自由度 7 の t 分布の上側 5% 点であり (図 5.11 参照)，その値は次のように読みとれる．t 分布表の上端の α の欄の 0.05 から下に降り，また，表の左端の k の欄の 7 から右に進み，クロスするところにある数値 1.895 が $t_7(0.05)$ の値である．□

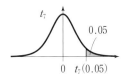

図 5.11　例題 5.9 の参考図

問題 12　t 分布表から $t_{12}(0.025)$ と $t_{19}(0.01)$ の値を読みとろう．

5.5 正規分布に関連する分布

例題 5.10

確率変数 X が自由度 7 の t 分布 t_7 に従うとき,
（1） $P(X < a) = 0.05$ となる a を求めよう.
（2） $P(|X| \leq b) = 0.95$ となる b を求めよう.

【解】（1） t 分布は左右対称なので, $P(X < a) = P(X > -a)$ となる（図 5.12(a) 参照）. この確率が 0.05 となるとよいので, $-a$ を自由度 7 の t 分布の上側 5% 点 $t_7(0.05)$ とすればよい. よって, $a = -t_7(0.05)$（図 5.12(b) 参照）. $t_7(0.05)$ の値は例題 5.9 で求めているので, $a = -1.895$ である.

（2） $1 - 2P(X > b) = P(|X| \leq b) = 0.95$ より, $P(X > b) = 0.025$ となる. よって, $b = t_7\left(\boxed{\text{ア)}}\right) = \boxed{\text{イ)}}$ である（図 5.12(c) 参照）. □

なお, 上の【解】の空欄 ア) には 0.025 が, イ) には 2.365 が入る.

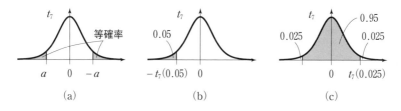

図 5.12　例題 5.10 の参考図

t 分布に従う量　　正規母集団 $N(\mu, \sigma^2)$ からサンプルをとり出すとき, 標準化した標本平均

$$\frac{\bar{X} - \mu}{\sqrt{\sigma^2/n}}$$

は, 定理 5.4 (p.118) で見たように, 標準正規分布 $N(0,1)$ に従う. 第 6 章では, このことを利用して母平均の推定をおこなう. しかし, 母分散 σ^2 の値が未知の場合は, 第 7 章で述べるように, 分母の母分散 σ^2 を不偏分散 $V = \dfrac{n}{n-1}S^2$ でおきかえる. その量を T とおくと,

$$T = \frac{\bar{X} - \mu}{\sqrt{V/n}} = \frac{\bar{X} - \mu}{\sqrt{S^2/(n-1)}} \tag{5.17}$$

と表せる．ただし，S^2 は標本分散である．以下で T の分布を調べよう．

正規母集団 $N(\mu, \sigma^2)$ からサンプルをとり出すとき，(5.17)の分子にある標本平均 $\bar{X}$ と分母にある標本分散 S^2 は独立である[9]．一方，定理5.4 (p.118)，定理5.6(p.126)から，$Z = \dfrac{\bar{X} - \mu}{\sqrt{\sigma^2/n}}$，$W = \dfrac{nS^2}{\sigma^2}$ とおくと，

$$Z = \frac{\bar{X} - \mu}{\sqrt{\sigma^2/n}} \sim N(0, 1), \qquad W = \frac{nS^2}{\sigma^2} \sim \chi^2_{n-1}$$

となる．また，$\bar{X}, S^2$ が独立であるので Z, W は独立となる．これらのことと t 分布の定め方(5.16)より，

$$\frac{Z}{\sqrt{W/(n-1)}} \sim t_{n-1}$$

がわかる．さらに，左辺は

$$\frac{Z}{\sqrt{W/(n-1)}} = \frac{(\bar{X} - \mu)/\sqrt{\sigma^2/n}}{\sqrt{nS^2/\{\sigma^2(n-1)\}}} = \frac{\bar{X} - \mu}{\sqrt{S^2/(n-1)}} = T$$

となる．よって，$T \sim t_{n-1}$ を得る．このことを定理としてまとめておこう．

定理 5.7 正規母集団 $N(\mu, \sigma^2)$ からサイズ n のサンプル $X_1, X_2, \cdots, X_n$ をとり出す．このとき，

$$T = \frac{\bar{X} - \mu}{\sqrt{V/n}} = \frac{\bar{X} - \mu}{\sqrt{S^2/(n-1)}} \sim t_{n-1} \tag{5.18}$$

である．ただし，$\bar{X} = \dfrac{1}{n}\sum_{i=1}^{n} X_i$, $S^2 = \dfrac{1}{n}\sum_{i=1}^{n}(X_i - \bar{X})^2$, $V = \dfrac{1}{n-1}\sum_{i=1}^{n}(X_i - \bar{X})^2$ である．

---

[9] このことは，稲垣宣生 著『数理統計学』(改訂版) 裳華房 (2003年) の定理6.3で示されている．

5.5 正規分布に関連する分布

例題 5.11

正規母集団 $N(\mu, \sigma^2)$ からサイズ n のサンプル $X_1, X_2, \cdots, X_n$ をとり出し，標本平均を $\bar{X}$，標本分散を S^2 で表す．

(1) $\dfrac{\bar{X} - \mu}{\sqrt{S^2/(n-1)}}$ の分布を答えよ．

(2) $n = 10$ のとき，$P\left(\dfrac{\bar{X} - \mu}{\sqrt{S^2/(n-1)}} > a\right) = 0.05$ となる a を求めよう．

【解】（1）定理 5.7 より，自由度 $n-1$ の t 分布である．

（2）（1）より，a は，自由度が $n-1 = 10-1 = 9$ の t 分布の上側 5% 点となる．その値は，t 分布表(p.228)から，$a = t_9(0.05) = 1.833$ である． □

問題 13 例題 5.11 において，$n = 15$ とするとき，$P\left(-b \leq \dfrac{\bar{X} - \mu}{\sqrt{S^2/(n-1)}} \leq b\right) = 0.9$ となる b を求めよう．

F 分布とその上側 100α% 点　　第 8 章で，2 つの正規母集団の母分散が等しいかどうかについての仮説検定を学ぶ．ここでは，その際，必要になる F 分布について調べておこう．

2 つの確率変数 W_1, W_2 は独立とし，それぞれ自由度 k_1, k_2 の χ^2 分布に従うとする．さらに，$F = \dfrac{W_1/k_1}{W_2/k_2}$ とおく．このとき，F の分布を自由度 (k_1, k_2) の **F 分布**といい，F_{k_1, k_2} で表す．

$$\begin{array}{l} W_i \sim \chi^2_{k_i} \quad (i=1, 2) \\ W_1, W_2 \text{ は独立} \end{array} \implies \boxed{F = \dfrac{W_1/k_1}{W_2/k_2} \sim F_{k_1, k_2}}$$

(5.19)

注意 5　F 分布には，2 つの自由度 k_1, k_2 があり，それぞれ第 1 の自由度(分子の自由度)，第 2 の自由度(分母の自由度)とよぶ．

注意 6　χ^2 分布が正の値をとる分布であるので，W_1, W_2 は正である．よって，F 分布は正の値をとる分布である．

いくつかの自由度の対について，F 分布の確率密度関数のグラフが図 5.13 に描かれている(式は章末を参照)．グラフは右側が長く，左右非対称である．

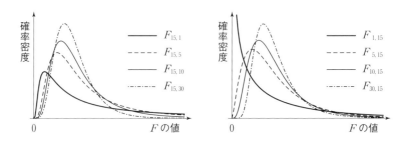

図 5.13 F 分布の確率密度関数のグラフ

F_{k_1, k_2} に従う確率変数 F に対し，$P(F > c) = \alpha$ を満たす c を，自由度 (k_1, k_2) の F 分布の上側 $100\alpha\%$ 点といい，$F_{k_1, k_2}(\alpha)$ で表す．ただし，$0 < \alpha < 1$ とする．

例題 5.12
巻末の F 分布表(p.230, 231)から $F_{4, 7}(0.05)$ の値を読みとろう．

【解】 $F_{4, 7}(0.05)$ は自由度 $(4, 7)$ の F 分布の上側 5% 点であり，その値は F 分布表に載っている．また，この表の上の端，左の端には第 1，第 2 の自由度が書かれている．そして，$F_{4, 7}(0.05)$ の値は，第 1 の自由度 $k_1 = 4$ の列を下にたどり，第 2 の自由度 $k_2 = 7$ の行を右に進んでクロスするところにある数値 4.120 である． □

問題 14 F 分布表から $F_{7, 4}(0.05)$ と $F_{12, 17}(0.05)$ の値を読みとろう．

注意 7 巻末の F 分布表には，上側 5% 点しかない．上側 2.5% 点や 1% 点などは，表計算ソフト Excel の関数 F.INV や統計解析言語 R の関数 qf などを用いて求めるとよい．

(5.19)で定めたように，$\dfrac{W_1/k_1}{W_2/k_2}$ の分布は自由度 (k_1, k_2) の F 分布である．これの逆数 $\dfrac{W_2/k_2}{W_1/k_1}$ の分布は，W_1 と W_2 の役割が入れかわったと考えて，自由度 (k_2, k_1) の F 分布になる．よって，自由度 (k_1, k_2) の F 分布に従う確率変数の逆数は，第1と第2の自由度が入れかわった自由度 (k_2, k_1) の F 分布に従う．

このことを次の例題のように利用すると，巻末の F 分布表に載っていない上側 95％ 点(下側の確率が 5％ になる点)が求められる．

例題 5.13

自由度 $(7, 4)$ の F 分布の上側 95％ 点 $F_{7,4}(0.95)$ の値を求めよう．

【解】確率変数 X は $F_{7,4}$ に従うとし，$a = F_{7,4}(0.95)$ とおく．このとき，$P(X > a) = 0.95$ である．一方，$X > 0, a > 0$ なので，$Y = \dfrac{1}{X}, b = \dfrac{1}{a}$ とおいて，

$$P(X > a) = P\left(\dfrac{1}{X} < \dfrac{1}{a}\right) = P(Y < b) = 1 - P(Y \geq b)$$

である．これらのことから，$P(Y \geq b) = 0.05$ となる．また，$Y = \dfrac{1}{X}$ は，$F_{7,4}$ に従う確率変数 X の逆数なので，自由度 $(4, 7)$ の F 分布 $F_{4,7}$ に従う．よって，b は上側 5％ 点 $F_{4,7}(0.05)$ であり，その値は，例題5.12で求めた 4.120 である．以上より，求めたい上側 95％ 点は，

$$F_{7,4}(0.95) = a = \dfrac{1}{b} = \dfrac{1}{F_{4,7}(0.05)} = \dfrac{1}{4.120} \fallingdotseq 0.2427$$

となる．□

一般に，$F_{k_1, k_2}(0.95)$ は次のように求められる．まず，第1と第2の自由度を入れかえた F 分布の上側 5％ 点 $F_{k_2, k_1}(0.05)$ を F 分布表から求め，次に，

$$F_{k_1,k_2}(0.95) = \frac{1}{F_{k_2,k_1}(0.05)} \tag{5.20}$$

を使うと，自由度 (k_1, k_2) の F 分布の上側 95% 点 $F_{k_1,k_2}(0.95)$ が求められる．

F 分布に従う量　第 8 章で学ぶ 2 つの正規母集団の母分散が等しいかどうかの仮説検定で，F 分布が用いられると述べた．2 つの母分散が等しいこととそれらの比が 1 に等しいことは同等であるので，この検定には 2 つの不偏分散の比が深く関わることになる．ここで，この比と F 分布の関係を定理としてまとめておく．

定理 5.8　1 つ目の正規母集団 $N(\mu_1, \sigma_1^2)$ からサイズ m のサンプル $X_1, X_2, \cdots, X_m$ をとり出す．また，これとは独立に，2 つ目の正規母集団 $N(\mu_2, \sigma_2^2)$ からサイズ n のサンプル $Y_1, Y_2, \cdots, Y_n$ をとり出す．それぞれのサンプルの標本分散を S_X^2, S_Y^2 とし，不偏分散を $V_X = \dfrac{m}{m-1} S_X^2$, $V_Y = \dfrac{n}{n-1} S_Y^2$ とする．$F = \dfrac{V_X}{\sigma_1^2} \Big/ \dfrac{V_Y}{\sigma_2^2}$ とおいて，

$$F = \frac{V_X}{\sigma_1^2} \Big/ \frac{V_Y}{\sigma_2^2} = \frac{mS_X^2}{(m-1)\sigma_1^2} \Big/ \frac{nS_Y^2}{(n-1)\sigma_2^2} \sim F_{(m-1),(n-1)}$$
(5.21)

である．

【証明】　不偏分散と標本分散の関係 (5.13)(p.122) から

$$F = \frac{V_X}{\sigma_1^2} \Big/ \frac{V_Y}{\sigma_2^2} = \frac{mS_X^2}{(m-1)\sigma_1^2} \Big/ \frac{nS_Y^2}{(n-1)\sigma_2^2}$$

となる．ここで，$W_1 = \dfrac{mS_X^2}{\sigma_1^2}$, $W_2 = \dfrac{nS_Y^2}{\sigma_2^2}$ とおくと，$F = \dfrac{W_1/(m-1)}{W_2/(n-1)}$ であり，定理 5.6 (p.126) より，$W_1 \sim \chi_{m-1}^2$, $W_2 \sim \chi_{n-1}^2$ である．また，サンプル $X_1, X_2, \cdots, X_m$ と $Y_1, Y_2, \cdots, Y_n$ は独立なので，W_1 と W_2

5.5 正規分布に関連する分布

は独立である．したがって，F 分布の定め方 (5.19) から，

$$F = \frac{W_1/(m-1)}{W_2/(n-1)} \sim F_{(m-1),(n-1)}$$

となる． □

例題 5.14

母分散が等しい 2 つの正規母集団 $N(\mu_1, \sigma^2)$ と $N(\mu_2, \sigma^2)$ のそれぞれから，独立にサイズ 8, 10 のサンプル $X_1, X_2, \cdots, X_8$ と $Y_1, Y_2, \cdots, Y_{10}$ をとり出す．それぞれの不偏分散を V_X, V_Y とし，$F_0 = \dfrac{V_X}{V_Y}$ とおく．

（1）F_0 の分布を調べよう．
（2）$P(F_0 > a) = 0.05$ となる a を求めよう．

【解】（1）母分散がどちらも σ^2 なので，定理 5.8（σ_1^2, σ_2^2 を σ^2 に読みかえる）より，$\dfrac{V_X}{\sigma^2} \Big/ \dfrac{V_Y}{\sigma^2} \sim F_{(8-1),(10-1)}$ である．左辺は $\dfrac{V_X}{\sigma^2} \Big/ \dfrac{V_Y}{\sigma^2} = \dfrac{V_X}{V_Y} = F_0$ となるので，$F_0 \sim F_{7,9}$ である．

（2）F_0 は自由度 $(7, 9)$ の F 分布に従うので，a はこの分布の上側 $\boxed{\text{ア)}}$ % 点である．よって，$a = F_{7,9}\left(\boxed{\text{イ)}}\right) = \boxed{\text{ウ)}}$ である． □

なお，上の【解】の空欄ア）〜ウ）には，それぞれ 5, 0.05, 3.293 が入る．

問題 15 例題 5.14 の続きとして，$P(b < F_0 < c) = 0.9$ を満たす b, c を 1 組見つけよう．

第5章 練習問題

1. 例2(p.104)の 0-1 母集団において，自宅から通学している学生の比率，つまり母比率は $p = 0.416$ であった(例7(p.107)参照)．この母集団から $n = 320$ 人の学生を復元抽出でとり出すとし，そのうち自宅通学の学生数を X で表す．
(1) 確率変数 X はどのような確率分布に従うかを答えよう．
(2) $\widehat{P} = \dfrac{X}{n} = \dfrac{X}{320}$ とする[10]．期待値 $E[\widehat{P}]$ と分散 $V[\widehat{P}]$ を求めよう．
(3) $\widehat{P}$ の分布を正規分布で近似することにより，$P(|\widehat{P} - p| < 0.04)$ の値を近似的に求めよう(第4章の4.4節参照)．

2. χ^2 分布の定め方(5.14)(p.123)を利用して，自由度 k の χ^2 分布 χ_k^2 に従う確率変数の期待値を求めよう．

3. 例1(p.104)の母集団は正規母集団 $N(\mu, \sigma^2)$ と考えてよい(例4(p.105)参照)．この母集団から，サイズ10のサンプルをとり出す．つまり，10杯のグレープフルーツジュースを選び，それぞれの量を測る．こうして得られるサンプル $X_1, X_2, \cdots, X_{10}$ の標本平均を $\overline{X}$，標本分散を S^2 で表す．
(1) $P(|\overline{X} - \mu| < a\sqrt{S^2}) = 0.95$ となるように定数 a の値を定めよう．
(2) $P(S^2 < b\sigma^2) = 0.95$ となるように定数 b の値を定めよう．

4. 2つの確率変数 X, Y は独立とし，X は標準正規分布 $N(0,1)$ に，Y は自由度 k の χ^2 分布 χ_k^2 に従うとする．
(1) X, Y を用いて，自由度 k の t 分布に従う確率変数を作ろう．
(2) X^2 はどのような確率分布に従うかを答えよう．
(3) (1)で作った確率変数を T とするとき，T^2 はどのような確率分布に従うかを答えよう．

---

[10] $\widehat{P}$ は"ピーハット"と読む．

第5章 練習問題

補足 期待値は平均ともいうので，$E[\bar{X}]$ は「標本平均の平均」といってもよい．「平均を二重にとっている」と不思議に思うかもしれないが，次の説明でそれは解消できるだろう．

サイズ n のサンプル $X_1, X_2, \cdots, X_n$ において，各 X_i の実現値は n 個の色々な値であり，これらは $\dfrac{X_1 + X_2 + \cdots + X_n}{n}$ によりならす（平均する）ことができる．これが「標本"平均"の平均」の1番目の平均である．2番目の平均を理解するため，例13(p.117)を思い出そう．7人の調査員が選ぶ5人の学生は調査員ごとに異なる．よって，通学時間の標本平均の実現値も調査員ごとに変わる．このように，サンプルをとり出す際のさまざまな可能性により，標本平均の実現値は変動する．これをならす（平均する）ことが，「標本平均の"平均"」の2番目の平均の意味と考えてよい（図5.14参照）．このように，標本平均の平均 $E[\bar{X}]$ は同じ意味の平均を二重にとっているのではない．

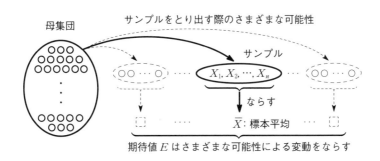

図 5.14 標本平均の平均 $E[\bar{X}]$ のイメージ

χ_k^2 の確率密度関数 $\qquad f(x) = \dfrac{1}{\Gamma(k/2)\, 2^{k/2}} x^{(k/2)-1} e^{-x/2}, \qquad x > 0$

t_k の確率密度関数 $\qquad f(x) = \dfrac{\Gamma((k+1)/2)}{\sqrt{k\pi}\, \Gamma(k/2)} \left(1 + \dfrac{x^2}{k}\right)^{-(k+1)/2}, \quad -\infty < x < \infty$

F_{k_1, k_2} の確率密度関数

$$f(x) = \dfrac{\Gamma((k_1+k_2)/2)\, k_1^{k_1/2} k_2^{k_2/2} x^{(k_1/2)-1}}{\Gamma(k_1/2)\, \Gamma(k_2/2)\, (k_1 x + k_2)^{(k_1+k_2)/2}}, \qquad x > 0$$

ただし，$\Gamma(u) = \int_0^\infty t^{u-1} e^{-t}\, dt,\, u > 0$ はガンマ関数である．

第6章

推定と検定

　この章では，前章で学んだ母集団とサンプルの関係にもとづいて，母数を推測する2つの代表的方法を見ていく．1つは母数がどの範囲にあるかなどを調べる推定である．もう1つは母数に関する仮説が正しいかどうかを判定する検定である．とくに検定は幅広い分野で用いられている重要な統計的手法である．

6.1 点推定

統計的推定　前章で学んだ母集団とサンプルの関係を用いると，抽出したサンプルにもとづいて，母集団の特性を推しはかることができる．サンプルから母平均や母分散などの母数を見積もろうとするのが**統計的推定**(statistical estimation)である．

推定には，たとえば「母平均が○○である」というように1個の値で推定する**点推定**と，「母平均は○○と△△の間にある」というように範囲で推定する**区間推定**がある．なお，点推定を単に推定ということもある．

例1

全国の中学生男子のハンドボール投げの記録全体を母集団とする．この母集団は正規母集団と考えてよい．ある中学の男子50名の記録をサンプルとして，それをもとに母平均の値を推しはかるのが点推定であり，幅をもった範囲で推しはかるのが区間推定である．◆

点推定　点推定をおこなうには，5.2節で導入した推定量(p.115)を用いればよい．

例題 6.1

ある店で買ったスナック菓子5袋の重量(g)を測ったところ，それぞれ

　　　　　85.3　　85.7　　85.0　　85.2　　85.1

であった．販売されているスナック菓子の重量の全体は正規母集団 $N(\mu, (0.3)^2)$ であるとして，これらのサンプルの実現値から，母平均 μ を推定しよう．

【解】 第5章例10のように，標本平均 $\overline{X}$ で母平均 μ を推定する．$\overline{X}$ の実現値を計算すると，$\bar{x} = \dfrac{1}{5} \times (85.3 + 85.7 + 85.0 + 85.2 + 85.1) = 85.26$ となる．よって，μ は $\bar{x} = 85.26$ と見積もることができる．　□

6.1 点推定

どうして $\bar{X}$ を推定量としたのか，他にもあるのではないかと疑問に思った読者もいるに違いない．実は，この推定量は以下に述べる理由で良い推定量なのである．

不偏推定量 いま，未知の母数 θ を推しはかるのに用いる推定量を $\widehat{\Theta}$ で表そう (Θ はギリシャ文字 θ の大文字である)．$\widehat{\Theta}$ はサンプルに応じて値が異なる確率変数なので，推定誤差 $\widehat{\Theta} - \theta$ そのものではなく，期待値 $E[\widehat{\Theta} - \theta] = E[\widehat{\Theta}] - \theta$ を考える．この量を**偏り**といい，偏りがない，すなわち

$$E[\widehat{\Theta}] = \theta \tag{6.1}$$

のとき，$\widehat{\Theta}$ を θ の**不偏推定量**という．また，この性質を**不偏性**という．

定理 5.2 (p.116) より，母平均が μ の母集団からとり出したサンプルの標本平均 $\bar{X}$ について，$E[\bar{X}] = \mu$ が成り立つ．よって，例題 6.1 で用いた推定量は不偏推定量である．

注意 1 何人もの人がサンプルをとり出して推定量 $\widehat{\Theta}$ の実現値 $\widehat{\theta}$ を求めたとしよう．人によって $\widehat{\theta}$ の値は異なる．図 6.1, 6.2 で $\widehat{\theta}$ の 1 つ 1 つを • で描いた．図 6.1 では $\widehat{\theta}$ が母数 θ より大きい値と小さい値はほぼ同じだけあり，偏りがないといえる．一方，図 6.2 では $\widehat{\theta}$ の値は θ より大きい方に偏っている．不偏推定量は前者のように偏りがないという意味で良い推定量なのである．

図 6.1 偏りのない推定　　図 6.2 偏りのある推定

例題 6.2

独立な確率変数 X_1, X_2, X_3 が $N(\mu, \sigma^2)$ に従っているとする．

$$\widehat{\Theta}_1 = \bar{X} = \frac{1}{3}(X_1 + X_2 + X_3), \quad \widehat{\Theta}_2 = X_1, \quad \widehat{\Theta}_3 = 2X_1 + X_2 - 2X_3$$

について，それぞれが μ の不偏推定量であることを確かめよう．

【解】 $E[\widehat{\Theta}_1] = E[\bar{X}] = \mu$
$E[\widehat{\Theta}_2] = E[X_1] = \mu$
$E[\widehat{\Theta}_3] = E[2X_1 + X_2 - 2X_3] = 2E[X_1] + E[X_2] - 2E[X_3]$
$= 2\mu + \mu - 2\mu = \mu.$

期待値はすべて母平均 μ であり，3つとも不偏推定量である．　□

平均 2 乗誤差　　この例題の結果から，不偏推定量は数多くあることがわかる．ところで第 4 章の (4.24)(p.90), (4.35)(p.99) を用いると，

$$\widehat{\Theta}_1 \sim N\left(\mu, \frac{\sigma^2}{3}\right), \quad \widehat{\Theta}_2 \sim N(\mu, \sigma^2), \quad \widehat{\Theta}_3 \sim N(\mu, 9\sigma^2)$$

であることがわかる．すなわち，各推定量は値の広がりを示す分散が異なる分布に従っている．そこで，不偏性の他にもう 1 つ推定量の良さを示す規準を設ける．それが推定量と母数の差の**平均 2 乗誤差**

$$E\left[\left(\widehat{\Theta} - \theta\right)^2\right]$$

である．これは推定量の誤差の 2 乗の期待値であり，小さいほど母数を良く推定しているといえる．

例題 6.2 の推定量それぞれについて

$$E\left[\left(\widehat{\Theta}_1 - \theta\right)^2\right] = \frac{\sigma^2}{3}, \quad E\left[\left(\widehat{\Theta}_2 - \theta\right)^2\right] = \sigma^2, \quad E\left[\left(\widehat{\Theta}_3 - \theta\right)^2\right] = 9\sigma^2$$

であり，$\widehat{\Theta}_1$，すなわち標本平均 $\bar{X}$ が 3 つの中でもっとも平均 2 乗誤差が小さいことがわかる．

例題 6.3

中学生男子 n 人のハンドボール投げの記録を測ったときの，標本平均を $\bar{X}$ で表す．全国の中学生男子の記録は正規母集団 $N(\mu, \sigma^2)$ であるとして，母平均 μ の推定量 $\bar{X}$ の平均 2 乗誤差を求めよう．

【解】 定理 5.2 より，$E[\bar{X}] = \mu$ であるから，推定量の平均 2 乗誤差を計算すると，

$$E\left[(\bar{X}-\mu)^2\right] = E\left[(\bar{X}-E[\bar{X}])^2\right] \stackrel{(4.11)}{=} V[\bar{X}] \stackrel{定理5.2}{=} \frac{\sigma^2}{n}$$

となる．□

この結果から，サンプルサイズ n を増やせば増やすほど，平均 2 乗誤差は小さくなることが見てとれる．4.4 節で述べたように，サンプルサイズを大きくすると，定理 4.1 (大数の法則) から，$\bar{X}$ は μ にほぼ等しくなる．こうした性質を推定の立場からは**一致性**といい，一致性をもつ推定量を**一致推定量**という．これまでの結果から，正規母集団からとり出したサンプルの標本平均 $\bar{X}$ は母平均の不偏推定量かつ一致推定量であることになる．

問題 1 例題 6.2 の $\hat{\Theta}_3$ について，$\hat{\Theta}_3 \sim N(\mu, 9\sigma^2)$ となることを示そう．

問題 2 例題 6.1 のスナック菓子の問題では，標本平均を母平均の推定量とした．この平均 2 乗誤差を求めよう．

6.2 区間推定

点推定で得られた母集団の母数の推定値は，あくまで見積もった値である．例題 6.1 のスナック菓子の母平均は正確に 85.26 とはいえない．大体その程度だろうといえるだけである．もともと，推定量は誤差があるものだから，1 点の推定値を求めるよりも，「○○から ×× の区間にある」とうまくいい当てる方が理にかなっている．このように母数の値を区間で推しはかる方法を**区間推定**という．また，その区間を**信頼区間**という．さらに，うまくいい当てる割合を，**信頼度**もしくは信頼率，信頼水準という．

この節では，母分散 σ^2 が既知である正規母集団 $N(\mu, \sigma^2)$ に対して，母平均 μ を区間推定するやり方を見ていくことにしよう．

分散が既知の場合の母平均の区間推定　正規母集団 $N(\mu, \sigma^2)$ からとり出すサイズ n のサンプルの標本平均を $\bar{X}$ で表そう．定理 5.4 (p.118) から，$\bar{X} \sim N\left(\mu, \dfrac{\sigma^2}{n}\right)$ となる．いま，0.95 とか 0.99 のように 1 に近い数 γ を選び，

$$P(|\bar{X} - \mu| < a) = \gamma \tag{6.2}$$

となるような正の数 a を求めたとする．この式は，$|\bar{X} - \mu| < a$，すなわち

$$\bar{X} - a < \mu < \bar{X} + a \tag{6.3}$$

が $100\gamma\%$ の確率で成り立つことを表している．上式が信頼区間であり，γ が信頼度である．

正の数 a を求めるには，やはり定理 5.4 を用いればよい．この定理より，$\bar{X}$ を標準化した確率変数 $Z = \dfrac{\bar{X} - \mu}{\sqrt{\sigma^2/n}}$ は $N(0, 1)$ に従う．変数 Z に対して，(6.2) は

$$P\left(\left|\dfrac{\bar{X} - \mu}{\sqrt{\sigma^2/n}}\right| < \dfrac{a}{\sqrt{\sigma^2/n}}\right) = P(|Z| < z) = \gamma \tag{6.4}$$

と書き換えられる．ただし，$z = \dfrac{a}{\sqrt{\sigma^2/n}}$ である．また，信頼区間 (6.3) は

$$\bar{X} - z\sqrt{\dfrac{\sigma^2}{n}} < \mu < \bar{X} + z\sqrt{\dfrac{\sigma^2}{n}} \tag{6.5}$$

となる．図 6.3 は標準正規分布 $N(0, 1)$ と信頼度 γ，定数 z の関係を示している．信頼度 γ が与えられたとき，定数 z の値は巻末の付表 (p.227) から読みとることができる．

例 2

信頼度 γ を 0.95 とする．図 6.3 の左右の白い部分がそれぞれ 0.025 となればよい．標準正規分布の上側 $100\alpha\%$ 点の表から，$\alpha = 0.025$ である z の値は $z(0.025) = 1.960$ となる．なお，$\alpha = \dfrac{1}{2}(1 - \gamma)$ であることに注意しよう．◆

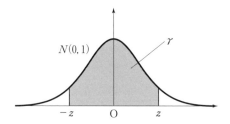

図 6.3 正規分布を用いた母平均の区間推定.
陰影部の面積が γ になるように z の値を求める.

以上のことを定理としてまとめておこう.

定理 6.1（母平均の信頼区間（母分散が既知の場合）） 正規母集団 $N(\mu, \sigma^2)$ からサイズ n のサンプルをとり出すとき，母平均 μ の信頼度 $\gamma(100\gamma\%)$ の信頼区間は

$$\bar{x} - z\left(\frac{1-\gamma}{2}\right)\sqrt{\frac{\sigma^2}{n}} < \mu < \bar{x} + z\left(\frac{1-\gamma}{2}\right)\sqrt{\frac{\sigma^2}{n}} \quad (6.6)$$

である．ただし，$\bar{x}$ は標本平均の実現値である．また，$\alpha = \dfrac{1-\gamma}{2}$ として，$z(\alpha)$ は $N(0,1)$ の上側 $100\alpha\%$ 点である．

例題 6.4

例題 6.1 のスナック菓子のサンプルの実現値から，信頼度を 99% として母平均の信頼区間を求めよう．

【解】 スナック菓子の標本平均の実現値 $\bar{x}$ は 85.26 である．また，サンプルサイズは $n = 5$，母標準偏差は $\sigma = 0.3$ である．γ は 0.99 であるから，$\dfrac{1-\gamma}{2} = 0.005$ となる．このとき，付表より $z\left(\dfrac{1-\gamma}{2}\right) = z(0.005) = 2.576$ である．これらの数値を (6.6) の左辺と右辺に代入して，

$$\bar{x} - z\left(\frac{1-\gamma}{2}\right)\sqrt{\frac{\sigma^2}{n}} = 85.26 - 2.576 \times \frac{0.3}{\sqrt{5}} \fallingdotseq 84.91$$

$$\bar{x} + z\left(\frac{1-\gamma}{2}\right)\sqrt{\frac{\sigma^2}{n}} = 85.26 + 2.576 \times \frac{0.3}{\sqrt{5}} \fallingdotseq 85.61$$

となる.よって,求める信頼区間は $84.91 < \mu < 85.61$ である. □

問題 3 小学生男子のソフトボール投げの記録(単位は m)は正規分布 $N(\mu, (7.2)^2)$ に従っているという.ある小学校で 50 人分の記録を集めたところ,標本平均の実現値は $\bar{x} = 23.1$ であった.信頼度 95% および 99% で母平均 μ の信頼区間を求めよう.

注意 2 信頼度は信頼の程度という意味からすると,高いことが望まれるが,この問題の結果からもわかるように,信頼度が高いほど,信頼区間は長くなるので,推定精度の観点からはむやみに高くしない方がよい.そこで,信頼度 γ は適度に 1 に近い値,0.95 や 0.99 あるいは 0.90 を用いるのである.

6.3 検 定

区間推定は,母集団からとり出したサンプルをもとに「母平均は○○と△△の間にある」というように,区間で未知の母数の値を予想するものであった.逆に「母平均は ×× である」といった仮説を最初におき,その仮説が正しいかどうかをサンプルをもとに判断しようとするのが**検定**(test)である.区間推定と同じく,検定においても仮説が正しいといい切ることはできない.ある基準を設定し,仮説の妥当性について議論するのである.

例 3

行政が何らかの事業をやるという案を出し,その案の是非を住民にはかる.全住民からサンプルを 400 人とり出して意見を聞いたところ,賛成が 215,反対が 185 であった.このとき全住民の過半数が賛成しているかどうか.こうした問題に対して検定をおこなうのである. ◆

有意水準 母集団の分布について,たとえば「母平均が○○である」という仮説を,サンプルをもとに正しくないと判断し,棄て去ることを**棄却**するという.また,その判断のため前もって定める小さな値を**有意水準**または**危険率**といい,α で表す.通常 α としては,5%(0.05)や1%(0.01)をとる.場合によっては10%(0.1)をとることもある.

ある仮説の下で,1つの事象の起こる確率が α 以下であるとする.つまり,その事象はほぼ起こらないのである.ところが,サンプルの実現値をもとに計算した結果,その事象が起こっていた場合には,ほぼ起こらないことが実現したのだから,仮説は正しくないと判断し,仮説を棄却する.そうでないときは棄却しない.

例 4

りんご農家のIさんが出荷するりんごの重さは,ほぼ右の図のような分布をしており,284 g 以上のものは 5% しかない.いま,Sさんがスーパー H でりんごを1

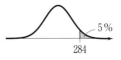

個買ったら,重さは290 g であった.このりんごがIさんの出荷したものかどうかを判断しよう.有意水準 α は 5% とする.

まず仮説を「このりんごはIさんの出荷したものである」とする.この仮説が正しいとすると,りんごの重さが 284 g 以上になることは確率 5% でしか起こらないが,Sさんが買ったりんごの重さは 290 g (284 g 以上)である.したがって,仮説を棄却し,このりんごはIさんの出荷したものでないと判断する. ◆

注意 3 I さんが出荷したりんごには,5% ではあるが 284 g 以上のものもある.そのようなりんごをSさんが買っていた場合は,仮説が正しいのにもかかわらず棄却したことになる.しかし,この誤りをおかす確率は有意水準 $\alpha\,(=5\%)$ であり,小さな値である.

例5（例4の続き）

スーパーHでKさんがりんごを1個買ったら，重さは280gであった．このりんごがIさんの出荷したものかどうかを判断しよう．有意水準αは5%とする．

例4と同様の仮説を立てる．Kさんが買ったりんごは280gで，284gより軽いので，仮説は棄却されない．すなわち，このりんごはIさんが出荷したものであることを否定できない．◆

例4のように，仮説が棄却された場合は，りんごはIさんが出荷したものでないと判断できる．しかし，例5のように，棄却されない場合，Iさんの出荷したものであると判断できるだろうか．実際問題として，スーパーHはいろいろな農家が出荷したりんごを販売している．棚に並んでいる280gのりんごを見て，これはIさんが出荷したものであるとはいえないであろう．

仮説が棄却されないことは，仮説が正しいことを意味するのではなく，正しくないとはいえないことを意味するだけである．したがって，仮説が正しいか正しくないかの結論を出すことはできない．

帰無仮説と対立仮説　　検定では，仮説を2つ立てる．1つは疑っている仮説であり，棄却して無に帰したいので，**帰無仮説**といい，仮説の英語(hypothesis)の頭文字を使ってH_0で表す．もう1つの仮説は，正しいと思っている仮説H_1であり，**対立仮説**という．H_0を棄却し，H_1が正しいと判断したいのである．

例6（例題6.1の続き）

スナック菓子の製造元では，1袋の重さ(g)の母平均μを85より大きくしているようである．これが正しいかどうかを検定するには，帰無仮説を$H_0: \mu = 85$とし，対立仮説を$H_1: \mu > 85$とする．◆

検定統計量と棄却域　母平均が未知で母分散が既知の正規母集団 $N(\mu, \sigma^2)$ の母平均に関する検定を考える．まず，帰無仮説として，$H_0 : \mu = \mu_0$ を立てる．すなわち，未知の母平均 μ がある定数 μ_0 であるとする．また，対立仮説を $H_1 : \mu > \mu_0$ とし，有意水準を α とする．

いま，母集団からサイズ n のサンプルをとり出し，標本平均 $\bar{X}$ を得るとする．標本平均をもとに H_0 を H_1 に対して検定するのである．定理 5.4 から，帰無仮説 H_0 の下で，$\bar{X} \sim N\left(\mu_0, \dfrac{\sigma^2}{n}\right)$ である．さらに，標準化したものを Z_0 とおくと，

$$Z_0 = \frac{\bar{X} - \mu_0}{\sqrt{\sigma^2/n}} \sim N(0, 1) \tag{6.7}$$

となる．この Z_0 を検定統計量とする．

Z_0 が大きな値のとき，$\bar{X}$ は μ_0 より大きな値であるので，H_1 を支持できる．さらに，H_0 の下で $P(Z_0 \geq z(\alpha)) = \alpha$ である（図 6.4 参照）ので，$z(\alpha)$ 以上の範囲を**棄却域**，すなわち検定統計量 Z_0 の実現値がその中に入れば H_0 を棄却する範囲とすればよい．ただし，$z(\alpha)$ は標準正規分布 $N(0, 1)$ の上側 $100\alpha\%$ 点である．そして，H_0 が棄却された場合は，対立仮説 H_1 が正しい，すなわち母平均は μ_0 より大きいと判断する．

なお，対立仮説が $H_1 : \mu < \mu_0$ の場合は，Z_0 の小さな値が H_1 を支持する理由となり，また H_0 の下で $P(Z_0 \leq -z(\alpha)) = \alpha$ である（図 6.5 参照）ので，$-z(\alpha)$ 以下の範囲を棄却域とすることになる．

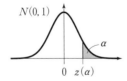

図 6.4　$H_1 : \mu > \mu_0$ の場合の棄却域

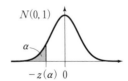

図 6.5　$H_1 : \mu < \mu_0$ の場合の棄却域

例題 6.5（例6の続き）

例題 6.1 のスナック菓子の問題で，母平均が 85 g より大きいかどうか，有意水準 5％ で検定しよう．

【解】 帰無仮説 $H_0 : \mu = 85$ を対立仮説 $H_1 : \mu > 85$ に対し有意水準 $\alpha = 0.05$ で検定する．付表(p.227)から $z(0.05) = 1.645$ なので，棄却域は 1.645 以上となる．

$\bar{x} = 85.26$, $\mu_0 = 85$, $\sigma^2 = (0.3)^2$, $n = 5$ を代入して，(6.7)の Z_0 の実現値は

$$z_0 = \frac{\bar{x} - \mu_0}{\sqrt{\sigma^2/n}} = \frac{85.26 - 85}{\sqrt{(0.3)^2/5}} \fallingdotseq 1.938$$

となる．この値は棄却域(1.645 以上)に入るので，H_0 を棄却する．したがって，母平均は 85 ではなく，それより大きいと判断できる． □

問題 4 日本人の男性の身長(cm)は母平均 μ が未知の正規分布 $N(\mu, (5.7)^2)$ に従っているとする．いま，100 人をランダムに選び，標本平均を計算したところ 170.2 であった．母平均が 172.0 より小さいかどうかを有意水準 1％ で検定しよう．

片側検定と両側検定 例題 6.5 では，対立仮説は $H_1 : \mu > 85$ であった．一般に $H_1 : \mu > \mu_0$ を**右片側対立仮説**といい，逆に $H_1 : \mu < \mu_0$ を**左片側対立仮説**という．なお，対立仮説 H_1 として $\mu > \mu_0$ とか $\mu < \mu_0$ を考える検定を**片側検定**という．また，次の例題のように，異なったタイプの対立仮説を立てることもある．

例題 6.6（例題 6.1 の続き）

事情通に尋ねると，スナック菓子の製造元は，1 袋の重さ(g)の母平均 μ を 85.5 にしているようである．これが正しいかどうかを有意水準 5％ で検定しよう．

6.3 検定

【解】 μ が 85.5 かどうかを確かめたいので，帰無仮説を $H_0: \mu = 85.5$ とし，対立仮説を $H_1: \mu \neq 85.5$ とする．この場合の棄却域は標準正規分布の左右両側にとるのが合理的である．実際，(6.7) の Z_0 が大きいまたは小さい値のとき，$\bar{X}$ は $\mu_0 = 85.5$ より大きいまたは小さい値となり，H_1 を支持できる．有意水準は $\alpha = 0.05$ であり，付表 (p.227) より $z\left(\dfrac{\alpha}{2}\right) = z(0.025) = 1.960$ なので，H_0 の下で

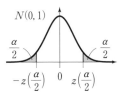

図 6.6 $H_1: \mu \neq \mu_0$ の場合の棄却域

$$P(Z_0 \geq 1.960 \text{ または } Z_0 \leq -1.960) = 0.05$$

となる．よって，棄却域は 1.960 以上または -1.960 以下となる（図 6.6 参照）．
$\bar{x} = 85.26$，$\mu_0 = 85.5$，$\sigma^2 = (0.3)^2$，$n = 5$ を代入すると，Z_0 の実現値は

$$z_0 = \frac{\bar{x} - \mu_0}{\sqrt{\sigma^2/n}} = \frac{85.26 - 85.5}{\sqrt{(0.3)^2/5}} \fallingdotseq -1.789$$

となる．この値は棄却域に入らないので，H_0 は棄却されない．したがって，母平均が 85.5 と異なるかどうかについての結論は出せない． □

例題 6.6 のように，帰無仮説 $H_0: \mu = \mu_0$ を対立仮説 $H_1: \mu \neq \mu_0$ に対して検定することを**両側検定**といい，H_1 を**両側対立仮説**という．また，両側検定では，図 6.6 のように棄却域は分布の左右両側に存在している．

これまで学んできた結果を定理にまとめておこう．

定理 6.2（母平均の検定（母分散が既知の場合））　正規母集団 $N(\mu, \sigma^2)$ からとり出すサイズ n のサンプルをもとに，帰無仮説 $H_0: \mu = \mu_0$ を検定する．このとき，有意水準 $\alpha (100\alpha\%)$ の棄却域は対立仮説に応じて次のようになる（図 6.4，図 6.5，図 6.6 参照）．

　　右片側対立仮説　$H_1: \mu > \mu_0$ の場合　　$z_0 \geq z(\alpha)$
　　左片側対立仮説　$H_1: \mu < \mu_0$ の場合　　$z_0 \leq -z(\alpha)$

両側対立仮説　　$H_1 : \mu \neq \mu_0$　の場合　$\begin{cases} z_0 \geq z\left(\dfrac{\alpha}{2}\right) \text{ または} \\ z_0 \leq -z\left(\dfrac{\alpha}{2}\right) \end{cases}$

ただし，z_0 は(6.7)の検定統計量 Z_0 の実現値である．

問題 5　ある工場では自動車部品を製造している．部品の中からサンプルを 10 個とり出し長さ(cm)を測定したところ，平均が 26.43 であった．自動車部品の長さは母平均 μ が未知の正規分布 $N(\mu, (0.15)^2)$ に従っているとして，この工場で製造している部品の長さの平均（母平均）が 26.5 であるかどうか，有意水準 1% で検定しよう．

***p* 値**　母平均に関する検定では，まず帰無仮説 $H_0 : \mu = \mu_0$ と対立仮説 H_1 を立て，有意水準 α を定め，さらに，H_1 に応じて棄却域を求めた上で，(6.7)の検定統計量 Z_0 の実現値が棄却域に入るかどうかを調べた．たとえば右片側対立仮説 $H_1 : \mu > \mu_0$ を立て，検定をおこなった例題 6.5 においては，$z_0 = 1.938$ であり，この値が棄却域を定める $z(\alpha)$ より大きいか小さいかを調べた．実際，$z_0 = 1.938$ は $z(0.05) = 1.645$ より大きいので，帰無仮説を棄却したのである．

ここで見方をかえて，H_0 の下で，$Z_0 \geq z_0$ となる確率

$$p = P(Z_0 \geq z_0) \tag{6.8}$$

を導入しよう．この確率を **p 値** という．例題 6.5 の $z_0 = 1.938$ に対し，$z_0 \fallingdotseq 1.94$ と四捨五入して p 値を求めると，4.5 節の(4.25)以下のやり方(p.95)から

$p = P(Z_0 \geq 1.938) \fallingdotseq P(Z_0 \geq 1.94) = 0.5000 - 0.4738 = 0.0262$

となる．右の図は標準正規分布のグラフで p 値を示したものである．陰影部の面積がおよそ 0.0262 になっている．

p 値は帰無仮説 H_0 の下で，Z_0 が z_0 以上の値をとる確率を表しているので，その値を有意水準 α と比較すれば，帰無仮説が棄却されるかそうでないかがたちどころにわかる便利なものなのである．実際，検定結果を示すのに，p 値をそのまま書いたり，有意水準 α に対して $p < \alpha$ のように不等式の形で示すこともある．

問題 6 例題 6.6 の両側検定の場合，p 値は $p = P(|Z_0| \geq |z_0|)$ で与えられる．$z_0 = -1.789$ に対して，p 値を具体的に計算しよう．

第 6 章 練習問題

1． コンビニ S のある商品の売り上げ(単位：円)は 1 日あたり

$$2020, \ 3530, \ 2290, \ 2120, \ 3820, \ 1630, \ 2030, \ 3620$$

であった．この商品の売り上げは $N(\mu, (780)^2)$ に従っているという．

（1） 母平均 μ を点推定しよう．

（2） 信頼度 95％ で母平均の信頼区間を求めよう．

2． 独立な確率変数 X_1, X_2, X_3, X_4 は $N(\mu, \sigma^2)$ に従っているとする．

$$\widehat{\Theta}_1 = \frac{1}{4}(X_1 + X_2 + X_3 + X_4)$$

$$\widehat{\Theta}_2 = \frac{1}{6}(2X_1 - X_2 + 3X_3 + 2X_4)$$

について，それぞれ母平均の不偏推定量であることを確かめ，平均 2 乗誤差を求めよう．

3． ある試験で，ランダムに選んだ 7 人の得点は

$$96, \ 63, \ 85, \ 66, \ 91, \ 89, \ 77$$

であった．この試験の点は $N(\mu, (10.5)^2)$ に従っているとして，母平均が 80 点であるかどうか有意水準 5％ で検定しよう．

4. ある機械の部品の重さ(g)は $N(\mu, (2.0)^2)$ に従っているという.部品をランダムに6個とり出したところ,標本平均が178であった.母平均は180より小さいかどうか有意水準5%で検定しよう.

第7章

母平均，母分散，母比率の推定と検定

第6章では，基本的な推定と検定を扱った．この章では，より実践的な正規母集団の母平均，母分散の推定と検定を学ぶ．その際，第5章で調べた標本平均，標本分散やそれらに関連する量の確率分布を利用する．さらに，視聴率調査を例にして，0-1母集団の母比率の推定と検定について述べる．

7.1 母平均の推定と検定

正規母集団 $N(\mu, \sigma^2)$ からサイズ n のサンプル $X_1, X_2, \cdots, X_n$ をとり出す(図7.1参照).これをもとにした母平均 μ の推定や検定は,母分散 σ^2 の値を知っている場合については,第6章で扱った.ここでは,母分散の値を知らない場合,つまり母分散が未知の場合について学んでいこう.

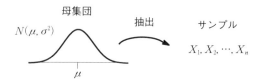

図7.1 サンプル抽出のイメージ

母平均の推定 母平均 μ の値は,母分散の値を知っていてもいなくても,標本平均 $\bar{X}$ で推定(点推定)できる.そして,6.1節で述べた通り,$\bar{X}$ は母平均 μ の不偏推定量であり,一致推定量である.

では,区間推定はどうだろうか.母分散の値を知っている場合,6.2節で学んだように,標本平均 $\bar{X}$ を標準化した $Z = \dfrac{\bar{X} - \mu}{\sqrt{\sigma^2/n}}$ をもとにして,信頼区間(6.6)(p.145)が得られる.しかし,この信頼区間の両端には母分散 σ^2 があるため,その値が未知の場合には,両端の値は求められない.

そこで,もとにした Z の分母に含まれる σ^2 を不偏分散 $V = \dfrac{1}{n-1}\sum_{i=1}^{n}(X_i - \bar{X})^2$ でおきかえる.こうして得た量を T とおくと,この T は,定理5.7(p.130)より,自由度 $n-1$ の t 分布 t_{n-1} に従う.つまり,

$$T = \frac{\bar{X} - \mu}{\sqrt{V/n}} = \frac{\bar{X} - \mu}{\sqrt{S^2/(n-1)}} \sim t_{n-1} \qquad (7.1)$$

である.ただし,$S^2 = \dfrac{1}{n}\sum_{i=1}^{n}(X_i - \bar{X})^2$ は標本分散である.また,2つ目の等号は,不偏分散と標本分散の関係式(5.13)(p.122)を用いて確認できる.

7.1 母平均の推定と検定

(7.1)を利用して,母平均 μ を区間推定しよう.信頼度は $100\gamma\%$ とする.図7.2のように,t 分布の中央部分の確率が信頼度と同じ γ になるには,両端の確率が合わせて $1-\gamma\,(=\alpha$ とおく$)$ となればよく,そのためには,左右の確率を,それぞれ $\dfrac{\alpha}{2}$ とすればよい.このことと(7.1)から,

$$P\left(-t_{n-1}\left(\frac{\alpha}{2}\right) < \frac{\overline{X}-\mu}{\sqrt{S^2/(n-1)}} < t_{n-1}\left(\frac{\alpha}{2}\right)\right) = \gamma \qquad (7.2)$$

が成り立つ.ただし,$t_{n-1}\left(\dfrac{\alpha}{2}\right)$ は自由度 $n-1$ の t 分布の上側 $100\dfrac{\alpha}{2}\%$ 点であり,その値は巻末の t 分布表(p.228)から読みとれる.

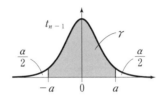

図7.2 中央部分の確率は $\gamma=1-\alpha$. ただし,$a=t_{n-1}\left(\dfrac{\alpha}{2}\right)$.

(7.2)のカッコ内の不等式を整理し,$\alpha=1-\gamma$ を代入すると

$$\overline{X} - t_{n-1}\left(\frac{1-\gamma}{2}\right)\sqrt{\frac{S^2}{n-1}} < \mu < \overline{X} + t_{n-1}\left(\frac{1-\gamma}{2}\right)\sqrt{\frac{S^2}{n-1}}$$

となる.そして,標本平均 $\overline{X}$ と標本分散 S^2 をそれぞれの実現値でおきかえると,信頼区間が得られる.このことを定理としてまとめておこう.

定理7.1(母平均の信頼区間(母分散が未知の場合)) 正規母集団 $N(\mu,\sigma^2)$ からサイズ n のサンプルをとり出す.このとき,母平均 μ の信頼度 $100\gamma\%$ の信頼区間は

$$\bar{x} - t_{n-1}\left(\frac{1-\gamma}{2}\right)\sqrt{\frac{s^2}{n-1}} < \mu < \bar{x} + t_{n-1}\left(\frac{1-\gamma}{2}\right)\sqrt{\frac{s^2}{n-1}} \qquad (7.3)$$

である.ただし,$\bar{x},s^2$ はそれぞれ標本平均,標本分散の実現値である.

例題 7.1

全国規模でおこなわれる模擬テストの受験者から 10 人をランダムに選んだ．この 10 人の得点の平均は 68.3，分散は 84.64 であった．このとき，すべての受験者の平均点 μ について，信頼度 90% の信頼区間を求めよう．ただし，このテストの得点の分布は正規分布とする．

【解】 $n = 10$, $\gamma = 0.90$ であるから，t 分布表 (p.228) より $t_{n-1}\left(\dfrac{1-\gamma}{2}\right) = t_9(0.05) = 1.833$ である（右の図参照）．さらに，$\bar{x} = 68.3$, $s^2 = 84.64$ であるから，定理 7.1 より信頼区間の両端は $\bar{x} \pm t_{n-1}\left(\dfrac{1-\gamma}{2}\right)\sqrt{\dfrac{s^2}{n-1}} \fallingdotseq 68.3 \pm 5.62$ となる．したがって，μ の信頼度 90% の信頼区間は $62.68 < \mu < 73.92$ である． □

問題 1 中古のスマートフォンをフル充電した後，バッテリー切れまでに使用できる時間の平均 μ（時間）を推定するため，実際に使用できた時間を 14 回調べたところ，その平均は 9.75，分散は 11.7 であった．これをもとに，μ の信頼度 95% の信頼区間を求めよう．ただし，使用できる時間は正規分布に従うとしてよい．

母平均の検定 正規母集団 $N(\mu, \sigma^2)$ からとり出すサイズ n のサンプル $X_1, X_2, \cdots, X_n$ をもとに，母平均 μ に関する帰無仮説 $H_0 : \mu = \mu_0$ を検定しよう．ただし，μ_0 は与えられた定数とする．検定についても，母分散 σ^2 が未知の場合を扱う．

この場合も，(6.7) (p.149) の $Z_0 = \dfrac{\bar{X} - \mu_0}{\sqrt{\sigma^2/n}}$ を検定統計量としたいが，分母にある σ^2 が未知なので，Z_0 の実現値は求められない．そこで，σ^2 を不偏分散 V でおきかえた量を T_0 とおき，検定統計量とする．

$T_0 = \dfrac{\bar{X} - \mu_0}{\sqrt{V/n}}$ は，$\mu = \mu_0$ のとき，(7.1) の $T = \dfrac{\bar{X} - \mu}{\sqrt{V/n}}$ と等しい．よって，H_0 の下で，

$$T_0 = \frac{\bar{X} - \mu_0}{\sqrt{V/n}} = \frac{\bar{X} - \mu_0}{\sqrt{S^2/(n-1)}} \sim t_{n-1} \qquad (7.4)$$

である.ただし,S^2 は標本分散である.(7.4)から,母分散の値を知っている場合と同様にして,棄却域が得られる.これを定理にまとめておこう.

定理 7.2(母平均の検定(母分散が未知の場合)) 正規母集団 $N(\mu, \sigma^2)$ からとり出すサイズ n のサンプルをもとに,帰無仮説 $H_0: \mu = \mu_0$ を検定する.このとき,有意水準 $100\alpha\%$ の棄却域は,対立仮説に応じて次のようになる(図 7.3 参照).

右片側対立仮説 $H_1: \mu > \mu_0$ の場合 $t_0 \geq t_{n-1}(\alpha)$

左片側対立仮説 $H_1: \mu < \mu_0$ の場合 $t_0 \leq -t_{n-1}(\alpha)$

両側対立仮説 $H_1: \mu \neq \mu_0$ の場合 $\begin{cases} t_0 \geq t_{n-1}\left(\dfrac{\alpha}{2}\right) \text{ または} \\ t_0 \leq -t_{n-1}\left(\dfrac{\alpha}{2}\right) \end{cases}$

ただし,t_0 は (7.4) の検定統計量 T_0 の実現値である[1].

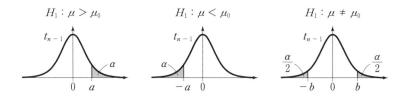

図 7.3 対立仮説 H_1 に応じた棄却域.ただし,$a = t_{n-1}(\alpha)$, $b = t_{n-1}\left(\dfrac{\alpha}{2}\right)$.

例題 7.2(例題 7.1 の続き)

平均点が 60 点を超えるように,模擬テストの難易度は調整されているという.これは正しいと判断してよいか.有意水準 5% で検定しよう.

---

[1] ここでの t_0 は T_0 の実現値であり,t 分布を表しているのではない.

【解】 帰無仮説 $H_0 : \mu = 60$ を右片側対立仮説 $H_1 : \mu \boxed{ア)} 60$ に対して検定する．$n = 10$, $\alpha = 0.05$ であるから，巻末の t 分布表 (p.228) を参照すると $t_{n-1}(\alpha) = t_9 \left(\boxed{イ)} \right) = \boxed{ウ)}$ である．よって，棄却域は $t_0 > 1.833$ である（図 7.3 の左図参照）．

(7.4) の検定統計量 T_0 の実現値 t_0 は，$\mu_0 = 60$, $\bar{x} = 68.3$, $s^2 = 84.64$ より，

$$t_0 = \frac{\bar{x} - \mu_0}{\sqrt{s^2/(n-1)}} = \frac{68.3 - 60}{\sqrt{84.64/9}} \fallingdotseq \frac{8.3}{3.067} \fallingdotseq 2.706$$

となる．これは棄却域に入るので，帰無仮説 H_0 を棄却する．よって，平均点が 60 点を超えるように調整されていると判断してよい．□

なお，上の【解】の空欄 ア）～ウ）には順に，$>$, 0.05, 1.833 が入る．

問題 2 ある農園で今年とれたトマトの重さ (g) が平均的に例年並かどうかを調べるため，15 個のトマトを選んで重さを測ったところ，その平均は 131.8，分散は 1127 であった．今年とれたトマトの重さの平均は例年の平均 122 と違うと判断してよいか．有意水準 5% で検定しよう．ただし，トマトの重さは正規分布に従うとする．

7.2 母分散の推定と検定

この節では，正規母集団 $N(\mu, \sigma^2)$ における母分散 σ^2 の推定と検定を学ぶ．これまでと同様，推定や検定に用いるサンプルは，この母集団からとり出す $X_1, X_2, \cdots, X_n$ である．

母分散の推定 標本平均 $\bar{X}$ で母平均 μ を推定したように，標本分散 $S^2 = \frac{1}{n} \sum_{i=1}^{n} (X_i - \bar{X})^2$ で母分散 σ^2 を推定できる（図 7.4 参照）．しかし，S^2 は σ^2 の不偏推定量ではない．これは，標本分散の期待値が，定理 5.5 (p.120) で述べた通り，$E[S^2] = \frac{n-1}{n} \sigma^2$ であり，母分散 σ^2 と異なるか

7.2 母分散の推定と検定

らである.期待値が σ^2 になる量は,第5章で学んだように不偏分散 $V = \dfrac{n}{n-1}S^2$ である.これは名前の通り,σ^2 の不偏推定量である.なお,S^2 と V は,どちらも一致推定量であることが知られている[2].

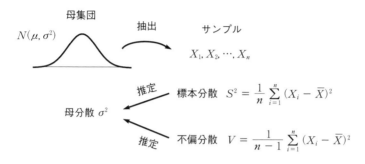

図7.4 母分散の推定のイメージ

次に,母分散 σ^2 の区間推定について考える.定理5.6(p.126)より,標本分散 S^2 の確率分布に関して

$$\frac{nS^2}{\sigma^2} \sim \chi^2_{n-1} \qquad (7.5)$$

が成り立つ.これを用いて,信頼度 $100\gamma\%$ の信頼区間を求めよう[3].

母平均の区間推定と同様に,χ^2 分布の両端の確率が合わせて $1-\gamma$ ($=\alpha$ とおく)になるように,片側の確率を $\dfrac{\alpha}{2}$ ずつとすると,中央部分の確率は $1-\alpha = \gamma$ となる(図7.5参照).このことと(7.5)から,

---

[2] 標本分散と不偏分散が,どちらも一致推定量であることについては,たとえば,白旗慎吾 著『統計学』ミネルヴァ書房 (2008年) の例6.4と定理6.1を参照するとよい.
[3] 不偏分散 V を用いて母分散 σ^2 の信頼区間を求めることもできる.そのためには,(7.5)において,$\dfrac{nS^2}{\sigma^2}$ を $\dfrac{(n-1)V}{\sigma^2}$ に書きかえればよい.この2つの量は等しいので,どちらを用いても同じ信頼区間が得られる.

$$P\left(\chi^2_{n-1}\left(1-\frac{\alpha}{2}\right) < \frac{nS^2}{\sigma^2} < \chi^2_{n-1}\left(\frac{\alpha}{2}\right)\right) = \gamma \tag{7.6}$$

が成り立つ．ただし，$\chi^2_{n-1}\left(\frac{\alpha}{2}\right)$ は自由度 $n-1$ の χ^2 分布の上側 $100\frac{\alpha}{2}$ % 点であり，$\chi^2_{n-1}\left(1-\frac{\alpha}{2}\right)$ も同様のものである．また，これらの値は巻末の χ^2 分布表(p.229)から読みとれる[4]．

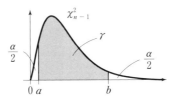

図7.5 中央部分の確率は $\gamma = 1-\alpha$．ただし，$a = \chi^2_{n-1}\left(1-\frac{\alpha}{2}\right)$, $b = \chi^2_{n-1}\left(\frac{\alpha}{2}\right)$．

(7.6)のカッコ内の不等式を整理し，$\alpha = 1-\gamma$ を代入すると

$$\frac{nS^2}{\chi^2_{n-1}\left(\frac{1-\gamma}{2}\right)} < \sigma^2 < \frac{nS^2}{\chi^2_{n-1}\left(\frac{1+\gamma}{2}\right)} \tag{7.7}$$

となる．この不等式は，(7.6)より確率 γ で成り立つ．

注意1 $\alpha = 1-\gamma$ より，$1-\frac{\alpha}{2} = \frac{1+\gamma}{2}$, $\frac{\alpha}{2} = \frac{1-\gamma}{2}$ である．このことから，(7.6)のカッコ内の不等式では左と右の端にある $\chi^2_{n-1}\left(1-\frac{\alpha}{2}\right)$ と $\chi^2_{n-1}\left(\frac{\alpha}{2}\right)$ が，(7.7)では右と左の端にある分数の分母にくることがわかる．

問題3 $a = \chi^2_{n-1}\left(1-\frac{\alpha}{2}\right)$, $b = \chi^2_{n-1}\left(\frac{\alpha}{2}\right)$ として(7.6)のカッコ内の不等式は

---

[4] χ^2 分布には，標準正規分布や t 分布のような対称性はないので，$\chi^2_{n-1}\left(1-\frac{\alpha}{2}\right)$ の値は $-\chi^2_{n-1}\left(\frac{\alpha}{2}\right)$ ではなく，χ^2 分布表から読みとる必要があることに注意しよう．

$a < \dfrac{nS^2}{\sigma^2} < b$ と書ける. a, $\dfrac{nS^2}{\sigma^2}$, b が正であることに注意して, (7.7)を導こう.

不等式(7.7)にある標本分散 S^2 を実現値でおきかえると, 信頼区間が得られる. このことを定理としてまとめておこう.

定理 7.3（母分散の信頼区間） 正規母集団 $N(\mu, \sigma^2)$ からサイズ n のサンプルをとり出す. このとき, 母分散 σ^2 の信頼度 $100\gamma\%$ の信頼区間は

$$\dfrac{ns^2}{\chi^2_{n-1}\left(\dfrac{1-\gamma}{2}\right)} < \sigma^2 < \dfrac{ns^2}{\chi^2_{n-1}\left(\dfrac{1+\gamma}{2}\right)} \tag{7.8}$$

である. ただし, s^2 は標本分散の実現値である.

例題 7.3

A さんは, 自分の部屋の奥ゆきをメジャーで測るたびに測定値(cm)がいくらか違うことに気づいた. そこで, 測定値のバラツキの程度を表す分散 σ^2 を区間推定することにした. A さんが測った奥ゆきの 5 つの測定値の平均は 347.2, 分散は 1.375 であった. σ^2 の信頼度 90% の信頼区間を求めよう. ただし, 測定値の分布は分散が σ^2 の正規分布とする.

【解】 $\gamma = 0.9$ より, $\alpha = 1 - \gamma = 0.1$ であり, $\dfrac{1-\gamma}{2} = \dfrac{\alpha}{2} = \boxed{\text{ア)}}$, $\dfrac{1+\gamma}{2} = 1 - \dfrac{\alpha}{2} = \boxed{\text{イ)}}$ となる. $n = 5$ なので, 自由度は $n - 1 = 4$ である. χ^2 分布表(p.229)より,

$$\chi^2_4(0.05) = \boxed{\text{ウ)}}, \quad \chi^2_4(0.95) = \boxed{\text{エ)}}$$

である(右上の図参照). 定理 7.3 より, 信頼区間の左右の端は, $s^2 = 1.375$ なの

で

$$\frac{ns^2}{\chi_4^2(0.05)} = \frac{5 \times 1.375}{9.488} \fallingdotseq 0.7246, \quad \frac{ns^2}{\chi_4^2(0.95)} = \frac{5 \times 1.375}{0.711} \fallingdotseq 9.669$$

となる．よって，σ^2 の信頼度 90% の信頼区間は $0.7246 < \sigma^2 < 9.669$ である．
□

なお，上の【解】の空欄 ア）〜エ）には順に，0.05, 0.95, 9.488, 0.711 が入る．

注意 2 例題 7.3 からもわかるように，母分散 σ^2 の信頼区間を求める際には，標本平均の実現値 $\bar{x}$ は用いない．なお，後で学ぶ母分散 σ^2 の検定についても同様である．

問題 4 酢酸に水酸化ナトリウム水溶液を滴下して中和する実験を行い，中和までの滴下量(ml)を 12 回測定した結果，その平均は 13.56，分散は 0.0317 であった．滴下量は分散 σ^2 の正規分布に従うとして，σ^2 の信頼度 95% の信頼区間を求めよう．

母分散の検定　正規母集団 $N(\mu, \sigma^2)$ からとり出すサイズ n のサンプル $X_1, X_2, \cdots, X_n$ をもとに，母分散 σ^2 に関する帰無仮説 $H_0 : \sigma^2 = \sigma_0^2$ を検定しよう．ただし，σ_0^2 は与えられた定数とする．

この検定の検定統計量には，(7.5) の $\dfrac{nS^2}{\sigma^2}$ の σ^2 を σ_0^2 でおきかえた $\dfrac{nS^2}{\sigma_0^2}$ を用いる．これを W_0 とおくと，$\underline{H_0 \text{ の下で}}$，$\sigma^2 = \sigma_0^2$ なので，(7.5) より

$$W_0 = \frac{nS^2}{\sigma_0^2} \sim \chi_{n-1}^2 \qquad (7.9)$$

である．W_0 が n よりかなり大きいとき，S^2 は σ_0^2 よりかなり大きくなり，その結果は $\sigma^2 > \sigma_0^2$ を支持する理由となる．また，大小を逆にしても同様のことがいえる．このことと (7.9) から，棄却域は次の定理のようになる．

7.2 母分散の推定と検定

定理 7.4（母分散の検定） 正規母集団 $N(\mu, \sigma^2)$ からとり出すサイズ n のサンプルをもとに，帰無仮説 $H_0: \sigma^2 = \sigma_0^2$ を検定する．このとき，有意水準 $100\alpha\%$ の棄却域は，対立仮説に応じて次のようになる（図 7.6 参照）．

右片側対立仮説　$H_1: \sigma^2 > \sigma_0^2$　の場合　$w_0 \geq \chi_{n-1}^2(\alpha)$

左片側対立仮説　$H_1: \sigma^2 < \sigma_0^2$　の場合　$w_0 \leq \chi_{n-1}^2(1-\alpha)$

両側対立仮説　$H_1: \sigma^2 \neq \sigma_0^2$　の場合　$\begin{cases} w_0 \geq \chi_{n-1}^2\left(\dfrac{\alpha}{2}\right) \text{ または} \\ w_0 \leq \chi_{n-1}^2\left(1-\dfrac{\alpha}{2}\right) \end{cases}$

ただし，w_0 は (7.9) の検定統計量 W_0 の実現値である．

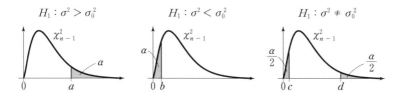

図 7.6　対立仮説 H_1 に応じた棄却域．ただし，$a = \chi_{n-1}^2(\alpha)$，$b = \chi_{n-1}^2(1-\alpha)$，$c = \chi_{n-1}^2\left(1-\dfrac{\alpha}{2}\right)$，$d = \chi_{n-1}^2\left(\dfrac{\alpha}{2}\right)$．

例題 7.4

ある洋菓子店では，チョコチップを袋に詰めて販売している．1 袋の重さ (g) は厳密には一定ではなく，その分布は分散 σ^2 の正規分布である．30 袋を選んで重さを測ったところ，平均は 152.9，分散は 1.49 であった．このとき，分散 σ^2 は 1 と異なると判断してよいか．有意水準 10 % で検定しよう．

【解】 帰無仮説 $H_0: \sigma^2 = 1$ を両側対立仮説 $H_1: \sigma^2 \neq 1$ に対して有意水準 10 % で検定する．$\alpha = 0.10$, $n = 30$ であるので，χ^2 分布表 (p.229) より $\chi_{n-1}^2\left(\dfrac{\alpha}{2}\right) = \chi_{29}^2(0.05) = 42.557$, $\chi_{n-1}^2\left(1-\dfrac{\alpha}{2}\right) = \chi_{29}^2(0.95) = 17.708$ である．

このことと定理 7.4 より,棄却域は $w_0 \geq 42.557$ または $w_0 \leq 17.708$ である(図 7.7 参照).

(7.9)の検定統計量 W_0 の実現値 w_0 は,$\sigma_0^2 = 1, s^2 = 1.49$ より

$$w_0 = \frac{ns^2}{\sigma_0^2} = \frac{30 \times 1.49}{1} = 44.7$$

である.これは棄却域に入る(図 7.7 参照)ので,帰無仮説 H_0 を棄却する.よって,σ^2 は 1 と異なると判断してよい. □

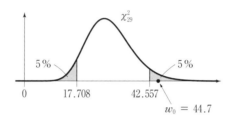

図 7.7 例題 7.4 の検定の棄却域と検定統計量の実現値

問題 5 一般に,測定方法の精度は測定値の分布の分散で評価できる.簡易な方法で,ジュース 100 g あたりのビタミン C の量(mg)を 20 回測ったところ,その平均は 38.4,分散は 3.52 であった.この方法による測定値の分布は分散 σ^2 の正規分布であるとして,分散 σ^2 は 5 より小さいと判断してよいか.有意水準 5 % で検定しよう.

7.3 母比率の推定と検定

第 5 章で学んだように,0-1 母集団(二項母集団)は,それに含まれる人やものなどが 0 または 1 で表され,母比率はこの母集団における 1 の比率である.この節では,0-1 母集団における母比率の推定や検定を学ぶ.

母比率の推定 まず,0-1 母集団の例を見てみよう.

7.3 母比率の推定と検定

例 1

A 地区の視聴率調査は，その地区の 600 世帯をランダムに選んでおこなわれる．A 地区の全世帯を母集団ととらえると，選ばれた 600 世帯はサンプルである．あるテレビ番組の視聴率を考えるとき，その番組を視聴した世帯を 1，視聴していない世帯を 0 と表すと，A 地区の全世帯は 0-1 母集団であり，母比率 p は全世帯のうちでその番組を視聴した世帯の比率である．◆

0-1 母集団からサイズ n のサンプル $X_1, X_2, \cdots, X_n$ をとり出す．これをもとに母比率 p を推定しよう．母比率は，母集団における 1 の比率であり，サンプルにおける 1 の比率は，5.2 節で学んだ標本比率である．このことから，母比率を標本比率で推定すること（図 7.8 参照）を思いつく．

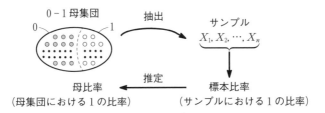

図 7.8　標本比率による母比率の推定のイメージ

標本比率は不偏性や一致性をもつだろうか．次の例題で調べてみよう．

例題 7.5

0-1 母集団からサンプル $X_1, X_2, \cdots, X_n$ をとり出す．標本比率 $\widehat{P}$ は母比率 p の不偏推定量であるか．また，一致推定量であるか調べよう．

【解】 0-1 母集団からサンプルをとり出すので，どの X_i についても，とる値は 0 か 1 である．よって，サンプルにおける 1 の個数は $S = \sum_{i=1}^{n} X_i$ で求められる．そして，サンプルにおける 1 の比率，つまり標本比率 $\widehat{P}$ は

$$\widehat{P} = \frac{S}{n} = \frac{1}{n} \sum_{i=1}^{n} X_i \tag{7.10}$$

となる.なお,(7.10)から標本比率は標本平均に他ならないことがわかる.

一方で,0-1母集団からサイズnのサンプルをとり出すことは,1がとり出されるかそうでないかの2つの結果しかない試行をn回おこなうことと考えられる.さらに,1がとり出される確率は母比率pであるので,1の個数Sは,3.4節で学んだ二項分布$B(n,p)$に従う.すなわち,

$$S \sim B(n,p) \tag{7.11}$$

である.また,定理3.1(p.70)より,$E[S] = np$, $V[S] = np(1-p)$ となる.

以上より,標本比率$\widehat{P}$の期待値と分散は

$$E[\widehat{P}] = E\left[\frac{S}{n}\right] = \frac{E[S]}{n} = \frac{np}{n} = p \tag{7.12}$$

$$V[\widehat{P}] = V\left[\frac{S}{n}\right] = \frac{V[S]}{n^2} = \frac{p(1-p)}{n} \tag{7.13}$$

となる.したがって,標本比率$\widehat{P}$は母比率pの不偏推定量であり,分散$V[\widehat{P}]$はnを大きくするとき0に近づくので,一致推定量でもある.□

次に,平均2乗誤差$E[(\widehat{P}-p)^2]$を調べよう.(7.12)より,平均2乗誤差は$E[(\widehat{P}-p)^2] = E[(\widehat{P}-E[\widehat{P}])^2]$となる.右辺は分散$V[\widehat{P}]$であるので,(7.13)より

$$E[(\widehat{P}-p)^2] = V[\widehat{P}] = \frac{p(1-p)}{n} \tag{7.14}$$

となる.上式に,$p(1-p) = -\left(p - \frac{1}{2}\right)^2 + \frac{1}{4} \leq \frac{1}{4}$ を用いると,

$$E[(\widehat{P}-p)^2] = \frac{p(1-p)}{n} \leq \frac{1}{4n} \tag{7.15}$$

を得る.なお,$p = \frac{1}{2}$ のときは等号が成立する.

例2(例1の続き)

A地区で選ばれた600世帯のうち,その番組を視聴した世帯の比率が標本比率$\widehat{P}$である.この$\widehat{P}$で母比率pを推定するとき,平均2乗誤差は,(7.14)より$\frac{p(1-p)}{600}$となる.この値は,$p = 0.1 (= 10\%)$なら$\frac{0.1 \times (1-0.1)}{600} =$

0.00015 であり,$p = 0.15 (= 15\%)$なら 0.0002125 である.しかし,実際には,母比率 p の値は未知であるため,平均 2 乗誤差の値は求められない.そこで,(7.15) を用いて,「平均 2 乗誤差は $\dfrac{1}{4 \times 600} \fallingdotseq 0.0004167$ 以下である」というように評価する. ◆

問題 6 例 2 の続きとして,(1) $p = 0.9$ のときの平均 2 乗誤差の値を求めよう.さらに,(2) p の値にかかわらず,平均 2 乗誤差を 0.0001 以下にするには,n をいくら以上にすればよいか.その値を求めよう.

母比率の信頼区間 第 6 章で学んだ母平均 μ の区間推定では,信頼区間を求める過程で,μ の推定量 $\bar{X}$ を標準化した.ここでも,母比率 p の推定量である標本比率 $\widehat{P}$ を標準化してみよう.(7.12), (7.13) で求めた期待値,分散を用いて標準化すると,$\dfrac{\sqrt{n}}{\sqrt{p(1-p)}} (\widehat{P} - p)$ となる.これは,第 4 章の (4.16)(p.86) で定めた Z と本質的に同じものであり,(4.16) 同様 Z が従う分布は,サンプルサイズ n を大きくすると標準正規分布 $N(0, 1)$ に近づく.なお,このことは中心極限定理の 1 つの例である.

以上より,サンプルサイズ n が十分大きいとき,

$$\frac{\sqrt{n}}{\sqrt{p(1-p)}} (\widehat{P} - p) \sim N(0, 1) \qquad (7.16)$$

であることがわかる.ただし,記号 $\sim$ は左辺の確率変数が右辺の分布に近似的に従うことを表す.

母比率 p の信頼度 $100\gamma\%$ の信頼区間を求めよう.第 6 章の母平均の区間推定と同様にして,(7.16) から,

$$P\left(-z\left(\frac{\alpha}{2}\right) < \frac{\sqrt{n}}{\sqrt{p(1-p)}} (\widehat{P} - p) < z\left(\frac{\alpha}{2}\right)\right) \fallingdotseq \gamma \qquad (7.17)$$

を得る．ただし，$\alpha = 1 - \gamma$ である．また，$z\left(\dfrac{\alpha}{2}\right)$ は標準正規分布の上側 $100\dfrac{\alpha}{2}\%$ 点であり，その値は標準正規分布表 (p.227) から読みとれる．

(7.17) のカッコ内の不等式を変形すると，

$$\widehat{P} - z\left(\dfrac{\alpha}{2}\right)\sqrt{\dfrac{p(1-p)}{n}} < p < \widehat{P} + z\left(\dfrac{\alpha}{2}\right)\sqrt{\dfrac{p(1-p)}{n}} \tag{7.18}$$

となる．上式で，$\widehat{P}$ およびルート $(\sqrt{})$ 内の p を標本比率 $\widehat{P}$ の実現値 $\widehat{p}$ でおきかえることにより，母比率 p の信頼区間が近似的に得られる．

α を $1 - \gamma$ に戻して，結果を定理にまとめておこう．

定理 7.5（母比率の信頼区間） 0-1 母集団からとり出すサンプルのサイズ n が十分大きいとき，母比率 p の信頼度 $100\gamma\%$ の信頼区間は

$$\widehat{p} - z\left(\dfrac{1-\gamma}{2}\right)\sqrt{\dfrac{\widehat{p}(1-\widehat{p})}{n}} < p < \widehat{p} + z\left(\dfrac{1-\gamma}{2}\right)\sqrt{\dfrac{\widehat{p}(1-\widehat{p})}{n}} \tag{7.19}$$

である．ただし，$\widehat{p}$ は標本比率の実現値である．

注意 3 n が十分大きいことの目安は，p の値にもよるが，おおむね $n \geq 30$ とする．

例題 7.6（例 1，例 2 の続き）

A 地区の全世帯からランダムに選ばれた 600 世帯のうち 93 世帯がその番組を視聴していた．このとき，全世帯のうちでその番組を視聴していた世帯の比率 p について，信頼度 95% の信頼区間を求めよう．

【解】 $n = 600$ は十分大きいので，定理 7.5 が利用できる．$\gamma = 0.95$ なので，$z\left(\dfrac{1-\gamma}{2}\right) = z(0.025)$ の値を求めると，標準正規分布表 (p.227) から $z(0.025) = 1.960$ である（右上の図参照）．600 世帯のうち 93 世帯が視聴していたので，標本比率の実現値は $\widehat{p} = \dfrac{93}{600} = 0.155$ である．これらの値を用いて，信頼区間の両端は

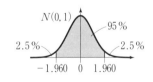

$$\hat{p} \pm z\left(\frac{1-\gamma}{2}\right)\sqrt{\frac{\hat{p}(1-\hat{p})}{n}} = 0.155 \pm 1.960\sqrt{\frac{0.155 \times 0.845}{600}}$$
$$\fallingdotseq 0.155 \pm 0.029$$

となる．したがって，求める信頼区間は $0.126 < p < 0.184$ である． □

問題 7 ペットボトルのキャップを 100 回投げたところ，74 回，開口部(右の図を参照)が上になった．信頼度を 90% として，開口部が上になる確率 p の信頼区間を求めよう．

開口部

母比率の検定　サンプルサイズ n が十分大きいとき，0-1 母集団の母比率 p に関する帰無仮説 $H_0 : p = p_0$ を検定しよう．ただし，p_0 は与えられた定数とする．

検定統計量として，区間推定に用いた (7.16) の左辺に含まれる未知の p を p_0 でおきかえたものを利用する．つまり，$\widehat{P}$ を標本比率として，$\dfrac{\sqrt{n}}{\sqrt{p_0(1-p_0)}}(\widehat{P}-p_0)$ を検定統計量とする．これを Z_0^* とおくと，H_0 の下で，$p = p_0$ なので，(7.16) より

$$Z_0^* = \frac{\sqrt{n}}{\sqrt{p_0(1-p_0)}}(\widehat{P}-p_0) \sim N(0,1) \qquad (7.20)$$

である．母平均の検定と同様にして，棄却域は次の定理のようになる．

定理 7.6（**母比率の検定**）　サイズ n が十分大きいサンプルをもとに，0-1 母集団の母比率 p に関する帰無仮説 $H_0 : p = p_0$ を検定する．このとき，有意水準 $100\alpha\%$ の棄却域は，対立仮説に応じて次のようになる．

　　右片側対立仮説　$H_1 : p > p_0$　の場合　$z_0^* \geq z(\alpha)$
　　左片側対立仮説　$H_1 : p < p_0$　の場合　$z_0^* \leq -z(\alpha)$
　　両側対立仮説　　$H_1 : p \neq p_0$　の場合　$\begin{cases} z_0^* \geq z\left(\dfrac{\alpha}{2}\right) \text{ または} \\ z_0^* \leq -z\left(\dfrac{\alpha}{2}\right) \end{cases}$

ただし，z_0^* は (7.20) の検定統計量 Z_0^* の実現値である．

例題 7.7

駅前に有料駐輪場を作ることに住民の過半数が賛成かどうかを判断するために，350人を選んで調べたところ，189人が賛成であった．このことから，住民の過半数が賛成であると判断してよいか．有意水準 5% で検定しよう．

【解】 賛成を 1，反対を 0 とし，住民全員を 0-1 母集団と考える．また，賛成の比率，つまり母比率を p で表す．このとき，住民の過半数が賛成であることは $p > 0.5$ であるので，$H_0 : p = 0.5$ を $H_1 : p > 0.5$ に対し，有意水準 5% で検定する．

$n = 350$ は十分大きいので，定理 7.6 が利用できる．対立仮説は右片側なので，$z(\alpha)$ の値を標準正規分布表 (p.227) で調べると，$\alpha = 0.05$ より $z(\alpha) = z(0.05) = 1.645$ である．よって，棄却域は $z_0^* \geq 1.645$ となる（右の図参照）．

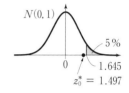

Z_0^* の実現値 z_0^* は，$p_0 = 0.5$, $n = 350$ と $\hat{p} = \dfrac{189}{350} = 0.54$ から，

$$z_0^* = \frac{\sqrt{n}}{\sqrt{p_0(1-p_0)}}(\hat{p} - p_0) = \frac{\sqrt{350}}{\sqrt{0.5(1-0.5)}}(0.54 - 0.5) \doteqdot 1.497$$

となる．この値は棄却域に入らない（右上の図参照）ので，帰無仮説 H_0 を棄却しない．よって，住民の過半数が賛成であるかどうかはわからない．□

問題 8 (例題 7.7 の続き) 駐輪場の使用料は，高いと感じている住民の割合が 20% 未満なら，適当な金額であると考えることにする．調査した 350 人のうち，使用料が高いと感じていた人は 56 人いた．このとき，使用料は適当な金額であると判断してよいか．有意水準 1% で検定しよう．

第 7 章 練習問題

1. 5つのオレンジを1つずつしぼってできるジュースの量(ml)を測ったところ，結果は 75, 71, 69, 78, 77 であった．オレンジ1つからできるジュースの量は平均 μ，分散 σ^2 の正規分布 $N(\mu, \sigma^2)$ に従うとして，次の問に答えよう．
   （1） 平均 μ は 80 より小さいと判断してよいか．有意水準 1% で検定しよう．
   （2） 平均 μ の信頼度 99% の信頼区間を求めよう．
   （3） 分散 σ^2 は 10 より大きいと判断してよいか．有意水準 5% で検定しよう．
   （4） 分散 σ^2 の信頼度 90% の信頼区間を求めよう．

2. A 大学では，図書館を改修した．改修後の図書館を使いやすいと感じている学生の全学生に対する比率 p を調べるため，学生 200 人を選んだところ，104 人が使いやすいと感じていた．このとき，次の問に答えよう．
   （1） 改修前は，40% の学生が使いやすいと感じていた．改修後の比率 p はこれと異なると判断してよいか．仮説を立てて，有意水準 5% で検定しよう．
   （2） 改修後の比率 p の信頼度 95% の信頼区間を求めよう．

3. コインを 100 回投げたときの表の回数を x とする．x がいくら以上なら，有意水準 5% の検定により，表の出る確率が 0.5 より大きいと判断できるか．

4. 母比率の信頼度 $100\gamma\%$ の信頼区間 (7.19) (p. 170) の長さ L について，
   （1） $L \leq z\left(\dfrac{1-\gamma}{2}\right)\dfrac{1}{\sqrt{n}}$ を確かめよう．ただし，n はサンプルサイズである．
   （2） $\gamma = 0.95$ とする．標本比率の実現値にかかわらず，L が 0.04 以下となるには，サンプルサイズ n をいくら以上にするとよいか．

5. 母分散の信頼度 $100\gamma\%$ の信頼区間 (7.8) (p. 163) について，両端の比 (右端/左端) を R とおく．このとき，
   （1） 両端の比 R を，自由度 k の χ^2 分布の上側 $100\alpha\%$ 点 $\chi_k^2(\alpha)$ を用いて表そう．ただし，k と α は適切なものにかえる必要がある．

(2) $r_k = \dfrac{\chi_k^2(0.05)}{\chi_k^2(0.95)}$ とおく. $k = 10, 15, 20, 30$ に対し, r_k の値を求めよう. さらに, 座標平面に点 (k, r_k) をプロットしよう.

(3) 信頼度を 90%, すなわち $\gamma = 0.9$ とする. このとき, 標本分散の実現値にかかわらず, 両端の比 R が 3 以下となるには, サンプルサイズ n をいくら以上にするとよいか.

第8章

いろいろな検定

　2つの量，たとえばオレンジジュースとみかんジュースに含まれるビタミンCの量を比較したいときは，母集団を2つ想定して，母平均の差の検定をおこなうとよい．また，2つの測定方法の精度を分散で比較するときは，母分散の比の検定をおこなうとよい．本章では，比較をおこなうこれらの検定に加えて，適合度検定や母集団分布についての検定，相関係数の検定などを学ぶ．

8.1 母平均の差の検定

体力テストなどで行うハンドボール投げでは,高校1年生の女子より2年生の女子のほうが平均的に遠くまで投げると思われる.このことを,データにもとづいて判断するには,どのような仮説を検定するとよいだろうか.まずは,母集団を調べることから始めていこう.

ここでの母集団は,学年別に2つある.1つめは全国の高校1年生女子が投げた距離すべての集まり,2つめは2年生に対する同様のものである.投げた距離の分布は正規分布と考えてよいので,母集団を一般的に,2つの正規母集団 $N(\mu_1, \sigma_1^2)$ と $N(\mu_2, \sigma_2^2)$ とする.

2つの母平均 μ_1, μ_2 を用いると,1年生より2年生のほうが平均的に遠くまで投げることは $\mu_1 < \mu_2$ と表せるので,対立仮説を $H_1 : \mu_1 < \mu_2$ とする.そして,帰無仮説は $H_0 : \mu_1 = \mu_2$ とする.

検定のもととなるサンプルを,2つの母集団それぞれから独立にとり出す.ここで,サンプルや標本平均などの記号を下の表にまとめておく.

	サンプル	サンプルサイズ	標本平均	標本分散	不偏分散
母集団1: $N(\mu_1, \sigma_1^2)$	$X_1, \cdots, X_m$	m	$\bar{X}$	S_X^2	V_X
母集団2: $N(\mu_2, \sigma_2^2)$	$Y_1, \cdots, Y_n$	n	$\bar{Y}$	S_Y^2	V_Y

これらを用いて $H_0 : \mu_1 = \mu_2$ を検定していこう.なお,H_0 は母平均の差が0,つまり $\mu_1 - \mu_2 = 0$ と同等なので,この検定を**母平均の差の検定**という.

$\mu_1 - \mu_2 = 0$ かどうかを検定する準備として,未知の母平均の差 $\mu_1 - \mu_2$ を標本平均の差 $\bar{X} - \bar{Y}$ で推定する.ただし,$\bar{X} = \dfrac{1}{m}\sum_{i=1}^{m} X_i$,$\bar{Y} = \dfrac{1}{n}\sum_{j=1}^{n} Y_j$ である.また,サンプルを独立にとり出すので,$\bar{X}, \bar{Y}$ は独立であ

8.1 母平均の差の検定

り,定理 5.4 (p.118) より,$\bar{X} \sim N\left(\mu_1, \dfrac{\sigma_1^2}{m}\right)$, $\bar{Y} \sim N\left(\mu_2, \dfrac{\sigma_2^2}{n}\right)$ である. さらに,(4.24)(p.90),定理 4.3 (p.99) より,差 $\bar{X} - \bar{Y}$ について,

$$\bar{X} - \bar{Y} \sim N\left(\mu_1 - \mu_2, \dfrac{\sigma_1^2}{m} + \dfrac{\sigma_2^2}{n}\right)$$

がわかる.これらのことを図 8.1 に示しておこう.

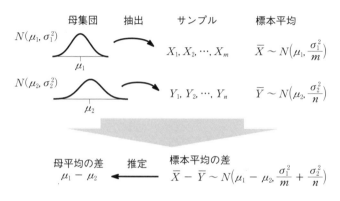

図 8.1 2 つの母集団からのサンプルの抽出と標本平均およびその差

注意 1 標本平均の差 $\bar{X} - \bar{Y}$ の分散は,$\bar{X}$ と $\bar{Y}$ の分散の差ではなく,和であることに注意しよう (2 つの確率変数の差の分散については,第 3 章の問題 6 (p.64) を参照).

$\bar{X} - \bar{Y}$ を標準化すると,(4.24)(p.90) より,

$$\dfrac{\bar{X} - \bar{Y} - (\mu_1 - \mu_2)}{\sqrt{\dfrac{\sigma_1^2}{m} + \dfrac{\sigma_2^2}{n}}} \sim N(0, 1) \qquad (8.1)$$

となる.これをもとにして,$H_0 : \mu_1 = \mu_2$ を検定できる.しかし,2 つの母分散 σ_1^2, σ_2^2 の値が

(1) ともに既知の場合
(2) 未知であるが等しいと仮定できる場合
(3) 未知で等しいと仮定できない場合

で検定統計量や分布が異なる．そこで，3つの場合に分けて説明する[1]．

母分散の値がともに既知の場合　この場合，以下で説明するように，(8.1) を利用して $H_0: \mu_1 = \mu_2$ を検定できる．すなわち，(8.1) の左辺の $\mu_1 - \mu_2$ を，帰無仮説 H_0 の下での値 0 とおきかえた量を Z_0 で表し，検定統計量とすると，H_0 の下で，

$$Z_0 = \frac{\bar{X} - \bar{Y}}{\sqrt{\dfrac{\sigma_1^2}{m} + \dfrac{\sigma_2^2}{n}}} \sim N(0, 1) \tag{8.2}$$

が得られる．Z_0 が 0 から離れた値であることは H_0 を疑う理由となるので，6.3 節で学んだ母平均の検定と同様にして，棄却域を定めることができる．結果を定理にまとめておこう．

定理 8.1（母平均の差の検定（母分散 σ_1^2, σ_2^2 が既知の場合））　正規母集団 $N(\mu_1, \sigma_1^2)$ と $N(\mu_2, \sigma_2^2)$ からサイズが m と n のサンプルを独立にとり出す．このサンプルをもとに帰無仮説 $H_0: \mu_1 = \mu_2$ を検定するとき，有意水準 $100\alpha\%$ の棄却域は，対立仮説に応じて次のようになる．

　　右片側対立仮説　　$H_1: \mu_1 > \mu_2$ の場合　　$z_0 \geq z(\alpha)$
　　左片側対立仮説　　$H_1: \mu_1 < \mu_2$ の場合　　$z_0 \leq -z(\alpha)$
　　両側対立仮説　　　$H_1: \mu_1 \neq \mu_2$ の場合　$\begin{cases} z_0 \geq z\left(\dfrac{\alpha}{2}\right) \text{ または} \\ z_0 \leq -z\left(\dfrac{\alpha}{2}\right) \end{cases}$

ただし，z_0 は (8.2) の検定統計量 Z_0 の実現値である．

---

[1] 検定方法の使い分けについて，冒頭の検定のまとめ $H_0: \mu_1 = \mu_2$ の検定 (p. xvi) も参照するとよい．

例題 8.1

オレンジジュースのほうがみかんジュースより 100 g あたりに含まれるビタミン C の量(mg)が多いようである．これが正しいかどうかを判断するため，ビタミン C の量を簡易な方法で 4 回ずつ測ったところ，平均はオレンジが 39.2，みかんが 32.8 であった．オレンジジュースのほうがビタミン C を多く含むと判断してよいか．有意水準 5% で検定しよう．ただし，この方法で測定するときの誤差は正規分布 $N(0, 3.95^2)$ に従うとする[2]．

【解】 オレンジジュースとみかんジュースのビタミン C の量を μ_1, μ_2 とすると，測定値は μ_1, μ_2 に誤差が加わったものになる．さらに，誤差が $N(0, 3.95^2)$ に従うので，(4.24)(p.90)より，測定値の分布は $N(\mu_i, 3.95^2)$ となる ($i = 1, 2$). よって，測定値は，正規母集団 $N(\mu_1, 3.95^2), N(\mu_2, 3.95^2)$ からのサンプルと考えてよい．

オレンジジュースのほうがビタミン C を多く含むことは，$\mu_1 > \mu_2$ と表せる．よって，帰無仮説を $H_0 : \mu_1 = \mu_2$, 対立仮説を $H_1 : \mu_1 > \mu_2$ とする．対立仮説は右片側であり，標準正規分布表(p.227)より $z(0.05) = 1.645$ であるから，有意水準 5% の棄却域は $z_0 \geq 1.645$ である．また，$\sigma_1^2 = \sigma_2^2 = 3.95^2$, $m = n = 4$ であり，標本平均の実現値は $\bar{x} = 39.2$, $\bar{y} = 32.8$ であるから，(8.2)の Z_0 の実現値は

$$z_0 = \frac{\bar{x} - \bar{y}}{\sqrt{\frac{\sigma_1^2}{m} + \frac{\sigma_2^2}{n}}} = \frac{39.2 - 32.8}{\sqrt{\frac{3.95^2}{4} + \frac{3.95^2}{4}}} \fallingdotseq 2.291$$

となる．z_0 は棄却域に入るので，帰無仮説 H_0 を棄却する．よって，オレンジジュースのほうがビタミン C を多く含むと判断できる． □

問題 1 例題 8.1 では，両方のジュースのビタミン C の量を同じ方法で測った．ここでは，みかんジュースについては別の方法で 7 回測り，その平均が 33.5 であったとする．そして，別の方法による誤差は正規分布 $N(0, 3.42^2)$ に従うとする．このとき，オレンジジュースのほうがビタミン C を多く含むと判断してよい

---

[2] 誤差の分散の値 3.95^2 は，この方法による過去の多くの測定結果から求めた．

か，有意水準 1% で検定しよう．ただし，オレンジジュースについての測定回数や測定値の平均，誤差の分布は例題 8.1 のものを使うとする．

2 つの母分散の値は未知であるが等しいと仮定できる場合　この場合，$\sigma_1^2 = \sigma_2^2$ であり，それを σ^2 と書きかえると，(8.1) は

$$\frac{\bar{X} - \bar{Y} - (\mu_1 - \mu_2)}{\sqrt{\sigma^2 \left(\dfrac{1}{m} + \dfrac{1}{n}\right)}} \sim N(0, 1) \tag{8.3}$$

となる．未知の σ^2 を含む (8.3) は，そのままでは検定に利用できないので，σ^2 を推定量でおきかえる．その準備として，まず σ^2 を推定しよう．

$\sigma_1^2 (= \sigma^2)$ は不偏分散 $V_X = \dfrac{1}{m-1} \sum_{i=1}^{m} (X_i - \bar{X})^2$ で，$\sigma_2^2 (= \sigma^2)$ は $V_Y = \dfrac{1}{n-1} \sum_{j=1}^{n} (Y_j - \bar{Y})^2$ で推定できるので，これらを組み合わせたもので σ^2 を推定する．ただし，単純な平均 $\dfrac{V_X + V_Y}{2}$ でなく，自由度 $m-1, n-1$ により重みを付けた平均[3]を用いる．それを V とおくと，

$$V = \frac{(m-1)V_X + (n-1)V_Y}{(m-1) + (n-1)} = \frac{mS_X^2 + nS_Y^2}{m + n - 2} \tag{8.4}$$

であり，これを σ^2 の推定量とする．ここで，$S_X^2 = \dfrac{1}{m} \sum_{i=1}^{m} (X_i - \bar{X})^2$，$S_Y^2 = \dfrac{1}{n} \sum_{j=1}^{n} (Y_j - \bar{Y})^2$ は標本分散である．また，(8.4) の 2 つ目の等号は，不偏分散と標本分散の関係式 (5.13) (p.122) を用いて確認できる．

(8.3) の σ^2 を推定量 V でおきかえると，定理 5.7 (p.130) と同様に

---

[3] 一般に，$\dfrac{a_1 x_1 + a_2 x_2 + \cdots + a_k x_k}{a_1 + a_2 + \cdots + a_k}$ を $x_1, x_2, \cdots, x_k$ の $a_1, a_2, \cdots, a_k$ による重み付き平均という．ただし，重み $a_1, a_2, \cdots, a_k$ はすべて正とする．

8.1 母平均の差の検定

$$\frac{\bar{X} - \bar{Y} - (\mu_1 - \mu_2)}{\sqrt{V\left(\frac{1}{m} + \frac{1}{n}\right)}} \sim t_{m+n-2} \tag{8.5}$$

となる．ただし，t_{m+n-2} は自由度 $m+n-2$ の t 分布を表す．(8.5)の左辺の $\mu_1 - \mu_2$ を H_0 の下での値 0 でおきかえた量を T_0 で表し，検定統計量とすると，$\underline{H_0\text{ の下で}}$，

$$T_0 = \frac{\bar{X} - \bar{Y}}{\sqrt{V\left(\frac{1}{m} + \frac{1}{n}\right)}} \sim t_{m+n-2} \tag{8.6}$$

である．したがって，棄却域は次の定理のようになる．

定理 8.2（母平均の差の検定（母分散が未知だが等しい場合）） 正規母集団 $N(\mu_1, \sigma^2)$ と $N(\mu_2, \sigma^2)$ からサイズが m と n のサンプルを独立にとり出す．これをもとに帰無仮説 $H_0 : \mu_1 = \mu_2$ を検定するとき，有意水準 $100\alpha\%$ の棄却域は，対立仮説に応じて次のようになる．

右片側対立仮説　$H_1 : \mu_1 > \mu_2$　の場合　$t_0 \geq t_{m+n-2}(\alpha)$

左片側対立仮説　$H_1 : \mu_1 < \mu_2$　の場合　$t_0 \leq -t_{m+n-2}(\alpha)$

両側対立仮説　$H_1 : \mu_1 \neq \mu_2$　の場合　$\begin{cases} t_0 \geq t_{m+n-2}\left(\dfrac{\alpha}{2}\right) \text{ または} \\ t_0 \leq -t_{m+n-2}\left(\dfrac{\alpha}{2}\right) \end{cases}$

ただし，t_0 は(8.6)の検定統計量 T_0 の実現値である．

例題 8.2

高校の女子生徒を1年生から5人，2年生から7人を選び，ハンドボール投げの記録（単位はm）を調べ，右の表にまとめた．これをもと

	人数	平均	分散
1年生	5	14.20	16.8
2年生	7	14.59	17.9

に，1年生より2年生のほうが平均的に遠くまで投げると判断してよいか．有意水準5％で検定しよう．ただし，ハンドボールを投げた距離は正規分布に従うとし，1年生と2年生についての母分散は等しいとする．

【解】 この節の始めで述べたように，1年生についての母集団は $N(\mu_1, \sigma^2)$，2年生については $N(\mu_2, \sigma^2)$ である．ただし，$\sigma_1^2 = \sigma_2^2$ なので，それを σ^2 と書きなおしている．また，帰無仮説を $H_0 : \mu_1 = \mu_2$ とし，対立仮説を $H_1 : \mu_1 < \mu_2$ とする．対立仮説は左片側であり，t 分布表(p.228)より $t_{m+n-2}(\alpha) = t_{5+7-2}(0.05) = 1.812$ であるから，有意水準 5% の棄却域は $t_0 \leq -1.812$ となる．

(8.4) の V の実現値 v を求めると，$v = \dfrac{5 \times 16.8 + 7 \times \boxed{\text{ア)}}}{5+7-2} = 20.93$ である．したがって，(8.6)の検定統計量 T_0 の実現値 t_0 は，

$$t_0 = \frac{\bar{x} - \bar{y}}{\sqrt{v\left(\dfrac{1}{m} + \dfrac{1}{n}\right)}} = \frac{14.20 - 14.59}{\sqrt{20.93\left(\dfrac{1}{5} + \dfrac{1}{7}\right)}} \fallingdotseq -0.1456$$

となる．t_0 は棄却域に入らないので，帰無仮説を棄却しない．いいかえると，1年生より2年生のほうが平均的に遠くまで投げるかどうかはわからない． □

なお，上の【解】の空欄 ア) には 17.9 が入る．

問題 2 高校3年の男子生徒を地域 A から 15 人，地域 B から 10 人を選んで身長(cm)を測ったところ，その平均と分散は，右の表のようになった．このとき，地域 A と B で平均身長に違いがあると

	人数	平均	分散
地域 A	15	171.7	34.8
地域 B	10	168.8	30.4

判断してよいか．有意水準 5% で検定しよう．ただし，2つの地域の身長の分布は分散が等しい正規分布とする．

2つの母分散の値が未知で，等しいと仮定できない場合
ここでは，サンプルサイズ m, n が十分に大きいときだけを扱う[4]．このときは，未知の母分散 σ_1^2, σ_2^2 を不偏分散 $V_X = \dfrac{1}{m-1} \displaystyle\sum_{i=1}^{m}(X_i - \bar{X})^2$，$V_Y = \dfrac{1}{n-1}$

---

[4] m, n が十分に大きくないときにはウェルチの方法というものを用いて検定できる．なお，この方法については，冒頭の検定のまとめ $H_0 : \mu_1 = \mu_2$ の検定(p.xvi)に示している文献を参照するとよい．

$\sum_{j=1}^{n} (Y_j - \overline{Y})^2$ でうまく近似できる．よって，V_X, V_Y の値は σ_1^2, σ_2^2 の近似的な値と考えてよいので，(8.2)の Z_0 に含まれる σ_1^2, σ_2^2 を V_X, V_Y でおきかえたものを検定統計量とする．その量を $\widetilde{Z}_0$ で表すと，$Z_0 \fallingdotseq \widetilde{Z}_0$ であり，<u>$H_0 : \mu_1 = \mu_2$ の下で</u>，(8.2)より $\widetilde{Z}_0$ は近似的に $N(0,1)$ に従う．つまり，

$$\widetilde{Z}_0 = \frac{\overline{X} - \overline{Y}}{\sqrt{\dfrac{V_X}{m} + \dfrac{V_Y}{n}}} = \frac{\overline{X} - \overline{Y}}{\sqrt{\dfrac{S_X^2}{m-1} + \dfrac{S_Y^2}{n-1}}} \overset{\cdot}{\sim} N(0,1)$$

(8.7)

である．なお，2つ目の等号は，不偏分散と標本分散の関係式(5.13)(p.122)を用いて確認できる．

(8.7)より，母分散が既知の場合と同様に，次の定理を得る．

定理 8.3（母平均の差の検定（サンプルサイズが十分に大きい場合））　正規母集団 $N(\mu_1, \sigma_1^2), N(\mu_2, \sigma_2^2)$ からサイズ m, n が十分に大きいサンプルを独立にとり出す．これをもとに帰無仮説 $H_0 : \mu_1 = \mu_2$ を検定するとき，有意水準 $100\alpha\%$ の棄却域は，対立仮説に応じて次のようになる．

右片側対立仮説　$H_1 : \mu_1 > \mu_2$ の場合　$\tilde{z}_0 \geq z(\alpha)$
左片側対立仮説　$H_1 : \mu_1 < \mu_2$ の場合　$\tilde{z}_0 \leq -z(\alpha)$
両側対立仮説　$H_1 : \mu_1 \neq \mu_2$ の場合　$\begin{cases} \tilde{z}_0 \geq z\left(\dfrac{\alpha}{2}\right) \text{ または} \\ \tilde{z}_0 \leq -z\left(\dfrac{\alpha}{2}\right) \end{cases}$

ただし，$\tilde{z}_0$ は(8.7)の検定統計量 $\widetilde{Z}_0$ の実現値である．

注意 2　サンプルサイズ m, n が100以上であれば，十分大きいといえる．なお，いくら以上なら十分大きいといえるかについて，はっきりした基準はなく，ときには，m, n が30程度でも十分大きいとみなす．

注意 3 サンプルサイズ m, n が十分大きいときは,母集団分布が正規分布でなくても,定理 8.3 を用いて帰無仮説 $H_0 : \mu_1 = \mu_2$ を検定してよい.このことは,中心極限定理 (定理 4.2 (p.87)) より,標本平均 $\bar{X}, \bar{Y}$ が近似的に正規分布に従うことからわかる.

例題 8.3

農園 A でとれたトマトから 100 個,農園 B からは 150 個を選んで重さ (g) を測り,結果を右の表にまとめた.これをもとに,2 つの農園でとれるトマトの重さには平均的に違いがあると判断してよいか.有意水準 5% で検定しよう.

	個数	平均	分散
農園 A	100	132.6	1076
農園 B	150	118.3	1190

【解】 農園 A, B でとれるトマトの重さすべての平均を,それぞれ μ_1, μ_2 とする.そして,帰無仮説 $H_0 : \mu_1 = \mu_2$ を両側対立仮説 $H_1 : \mu_1 \neq \mu_2$ に対し有意水準 5% で検定すればよい.いま,$m = 100, n = 150$ は十分大きく,$z\left(\dfrac{\alpha}{2}\right) = z(0.025) = 1.960$ であるので,定理 8.3 より,棄却域は $\bar{z}_0 \geq 1.960$ または $\bar{z}_0 \leq -1.960$ である.

(8.7) の検定統計量 $\tilde{Z}_0$ の実現値 $\bar{z}_0$ は,$\bar{x} = 132.6, s_x^2 = 1076, \bar{y} = 118.3, s_y^2 = 1190$ であるから,

$$\bar{z}_0 = \frac{\bar{x} - \bar{y}}{\sqrt{\dfrac{s_x^2}{m-1} + \dfrac{s_y^2}{n-1}}} = \frac{132.6 - 118.3}{\sqrt{\dfrac{1076}{100-1} + \dfrac{1190}{150-1}}} \fallingdotseq 3.293$$

となる.これは棄却域に入るので,帰無仮説 H_0 を棄却する.したがって,2 つの農園でとれるトマトの重さには平均的に違いがあると判断できる. □

問題 3 A 大学はキャンパスが南地区と北地区の 2 つに分かれている.それぞれのキャンパスに自宅から通う学生を 101 人,201 人選んで,通学時間 (分) を調べ,その結果を右の表にまとめた.それぞれのキャンパスに自宅から通う学生全員の通学時間の平均に違いがあると判断してよいか.有意水準 1% で検定しよう.

	人数	平均	分散
南地区	101	65.2	432.6
北地区	201	73.7	506.2

8.2 母分散の比の検定

この節では，正規母集団 $N(\mu_1, \sigma_1^2)$，$N(\mu_2, \sigma_2^2)$ の母分散についての帰無仮説 $H_0: \sigma_1^2 = \sigma_2^2$ を検定する方法を学ぶ．ここでも，1つ目の母集団 $N(\mu_1, \sigma_1^2)$ からサイズ m のサンプル $X_1, X_2, \cdots, X_m$ を，2つ目の母集団 $N(\mu_2, \sigma_2^2)$ からサイズ n のサンプル $Y_1, Y_2, \cdots, Y_n$ を独立にとり出す．なお，ここでは，サンプルサイズ m, n は大きくなくてもよい．

帰無仮説 $H_0: \sigma_1^2 = \sigma_2^2$ は $\dfrac{\sigma_1^2}{\sigma_2^2} = 1$ と同等なので，この検定を**母分散の比の検定**という．さらに，母分散の比は，不偏分散 $V_X = \dfrac{1}{m-1} \sum_{i=1}^{m} (X_i - \bar{X})^2$, $V_Y = \dfrac{1}{n-1} \sum_{j=1}^{n} (Y_j - \bar{Y})^2$ の比で推定できるので，この比を F_0 で表して，検定統計量とする．H_0 の下で，$\sigma_1^2 = \sigma_2^2$ なので，

$$F_0 = \frac{V_X}{V_Y} \sim F_{(m-1),(n-1)} \tag{8.8}$$

である（定理5.8(p.134)を参照せよ）．ただし，$F_{(m-1),(n-1)}$ は自由度 $(m-1, n-1)$ の F 分布である．

F_0 が1より大きいことは V_X が V_Y より大きいことを表し，$\sigma_1^2 > \sigma_2^2$ を支持する理由となる．大小を逆にしても同様のことがいえるので，棄却域は次の定理のようになる．

定理8.4（**母分散の比の検定**） 正規母集団 $N(\mu_1, \sigma_1^2)$ と $N(\mu_2, \sigma_2^2)$ からサイズが m と n のサンプルを独立にとり出す．これをもとに帰無仮説 $H_0: \sigma_1^2 = \sigma_2^2$ を検定するとき，有意水準 $100\alpha\%$ の棄却域は，対立仮説に応じて次のようになる（図8.2参照）．

右片側対立仮説 $H_1: \sigma_1^2 > \sigma_2^2$ の場合 $f_0 \geq F_{(m-1),(n-1)}(\alpha)$
左片側対立仮説 $H_1: \sigma_1^2 < \sigma_2^2$ の場合 $f_0 \leq F_{(m-1),(n-1)}(1-\alpha)$

両側対立仮説　$H_1 : \sigma_1^2 \neq \sigma_1^2$　の場合　$\begin{cases} f_0 \geq F_{(m-1),(n-1)}\left(\dfrac{\alpha}{2}\right) \text{ または} \\ f_0 \leq F_{(m-1),(n-1)}\left(1-\dfrac{\alpha}{2}\right) \end{cases}$

ただし，f_0 は (8.8) の検定統計量 F_0 の実現値である．

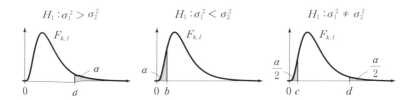

図 8.2　対立仮説に応じた棄却域．ただし，$k = m-1$, $l = n-1$,
$a = F_{k,l}(\alpha)$, $b = F_{k,l}(1-\alpha)$, $c = F_{k,l}\left(1-\dfrac{\alpha}{2}\right)$, $d = F_{k,l}\left(\dfrac{\alpha}{2}\right)$.

例題 8.4

あるテニス選手が打つサーブの速さ (km/時) のばらつきを分散で評価する．そのため，ファーストサーブで 25 回，セカンドサーブで 20 回，速さを調べたところ，それぞれの分散は 432.6, 240.2 であった．この選手が打つファーストサーブ，セカンドサーブの速さの分布はそれぞれ，分散が σ_1^2, σ_2^2 の正規分布であるとする．このとき，σ_1^2 は σ_2^2 より大きいと判断してよいか．有意水準 5% で検定しよう．

【解】 帰無仮説 $H_0 : \sigma_1^2 = \sigma_2^2$ を右片側対立仮説 $H_1 : \sigma_1^2 > \sigma_2^2$ に対し有意水準 5% で検定する．$m = 25$, $n = 20$ なので，F 分布表 (p.230〜231) から，$F_{(m-1),(n-1)}(\alpha) = F_{24,19}(0.05) = 2.114$ である．したがって，棄却域は $f_0 \geq 2.114$ となる．

不偏分散と標本分散の関係式 (5.13) (p.122) を用いて，不偏分散の実現値を計算すると，$v_x = \dfrac{m}{\boxed{\text{ア)}}} s_x^2 = \dfrac{25}{\boxed{\text{イ)}}} \times 432.6 \fallingdotseq 450.6$ となる．

同様に，$v_y \fallingdotseq 252.8$ が得られる．これらの値から，(8.8) の検定統計量 F_0 の実

現値は $f_0 = \dfrac{v_x}{v_y} \fallingdotseq 1.782$ となる．これは棄却域に入らないので，帰無仮説 H_0 を棄却しない．いいかえると，σ_1^2 が σ_2^2 より大きいかどうかはわからない．□

なお，上の【解】の空欄 ア) には $m-1$ が，イ) には $25-1$（または 24）が入る．

問題 4 病気の抗体値を測る 2 つの方法の精度を分散により比較するため，同じ検体を方法 1 で 15 回，方法 2 で 10 回くり返し測ったところ，それぞれの分散は 2.53，6.87 であった．方法 1，2 による測定値の分布はそれぞれ，分散が σ_1^2，σ_2^2 の正規分布であるとするとき，σ_1^2 と σ_2^2 は異なると判断してよいか．有意水準 10% で検定しよう．なお，F 分布の上側 95% 点について，例題 5.13 (p.133) を参照するとよい．

8.3 適合度検定

7.3 節で，0-1 母集団，すなわち 0 と 1 で表される 2 つのグループに分けられている母集団の母比率の検定を学んだ．この節では，母集団がいくつかのグループに分けられているときの母比率の検定について学ぶ．なお，7.3 節と同様，ここでもサンプルサイズは十分大きいとする．

いくつかのグループの母比率の検定 5.1 節の例 3 でとり上げたように，数多く作られるパソコンの CPU の全体を母集団と考えると，この母集団は正常に働く速度で 3 つのグループに分けられる．

より一般的に，母集団が k 個のグループに分けられているとし，それぞれを $A_1, A_2, \cdots, A_k$ で表す．さらに，母集団における各グループの比率，つまり母比率を $p_1, p_2, \cdots, p_k$ とする．いま，専門家の意見や経験などから，未知の母比率 p_i の値は q_i であると想定できたとして，帰無仮説

$$H_0 : p_1 = q_1, p_2 = q_2, \cdots, p_k = q_k \tag{8.9}$$

の検定を考えよう．ただし，$q_1, q_2, \cdots, q_k$ は和が 1 となる正の定数であり，対立仮説は H_0 以外，すなわち「1 つ以上の p_i が q_i と異なる」とする．

検定のため,母集団からサイズ n のサンプルをとり出す.このサンプルの中でグループ A_i に属するものの個数を**観測度数**といい,Y_i で表す(図8.3参照).また,H_0 の下での Y_i の期待値を**期待度数**といい,e_i で表す.ここで,$i = 1, 2, \cdots, k$ である.これらを表8.1にまとめておく.

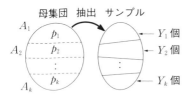

図8.3 母比率と観測度数のイメージ

表8.1 母比率と観測度数,期待度数

グループ	A_1	A_2	$\cdots$	A_k	計
母比率	p_1	p_2	$\cdots$	p_k	1
観測度数	Y_1	Y_2	$\cdots$	Y_k	n
期待度数	e_1	e_2	$\cdots$	e_k	n

H_0 の下で,グループ A_i の比率は q_i なので,サンプルとしてとり出した n 個のうちグループ A_i に属することが期待される個数は nq_i となる.よって,期待度数は

$$e_i = nq_i \tag{8.10}$$

である.

問題5 $\sum_{i=1}^{k} e_i = n$ と $\sum_{i=1}^{k} (Y_i - e_i) = 0$ を確かめよう.

検定統計量を定めよう.観測度数 Y_i は調査などにより得た実際の度数であり,期待度数 e_i は帰無仮説 H_0 が正しいときの期待される度数である.Y_i と e_i が大きく違うと H_0 を疑うことになる.一方,差 $Y_i - e_i$ を合計すると,問題5より0になるので,合計する前に差を2乗し,期待度数 e_i と比べるために e_i で割って合計する.つまり,検定統計量 W を

$$W = \sum_{i=1}^{k} \frac{(Y_i - e_i)^2}{e_i} = \sum_{i=1}^{k} \frac{(Y_i - nq_i)^2}{nq_i} \tag{8.11}$$

とする．なお，観測度数 Y_i と期待度数 e_i の適合の度合い(差の大小)をもとにしているので，この検定を**適合度検定**という．

観測度数 Y_i と期待度数 e_i の違いが大きいとき検定統計量 W は大きな値をとるので，棄却域は "W の実現値 $\geq$ 定数" の形にすればよい．また，サンプルサイズ n が十分大きいとき，帰無仮説 H_0 の下で，検定統計量 W は自由度 $k-1$ の χ^2 分布 χ^2_{k-1} に近似的に従うことが知られている[5]．よって，

$$w \geq \chi^2_{k-1}(\alpha) \tag{8.12}$$

が有意水準 $100\alpha\%$ の棄却域となる．ただし，w は (8.11) の検定統計量 W の実現値である．また，$\chi^2_{k-1}(\alpha)$ は自由度 $k-1$ の χ^2 分布の上側 $100\alpha\%$ 点であり，その値は χ^2 分布表 (p.229) から読みとれる．

注意 4 検定統計量 W は k 個の値 $Y_1 - e_1, Y_2 - e_2, \cdots, Y_k - e_k$ をもとにしている．しかし，問題 5 よりそれらの合計は $\displaystyle\sum_{i=1}^{k}(Y_i - e_i) = 0$ であり，<u>自由度は 1 減って，$k-1$ となる</u>．また，この自由度はサンプルサイズ n と直接関係しないことにも注意しよう．

例題 8.5

パソコンの CPU を作る工場では，正常に働く速度が高速，中程度，低速のものが，それぞれ $25\%, 40\%, 35\%$ できるように工程を管理しているという．作られた CPU からランダムに選んだ 126 個を調べたところ，高速，中程度，低速のものがそれぞれ 37, 48, 41 個あった．このことから，工程はうまく管理されているといえるか．有意水準 5% で検定しよう．

【解】 すべての CPU のうちで，正常に働く速度が高速，中程度，低速のものの比率を p_1, p_2, p_3 とし，$H_0: p_1 = 0.25, p_2 = 0.4, p_3 = 0.35$ を有意水準 5% で

---

[5] このことについては，たとえば，稲垣宣生 著『数理統計学』(改訂版) 裳華房 (2003年) の定理 10.1, 定理 14.11 を見るとよい．なお，本章の練習問題 3 (p.198) も参照．

検定する．$n=126$ は十分大きく，グループは $k=3$ 個あるから，(8.11)の W は H_0 の下で自由度 ア) の χ^2 分布に近似的に従う．χ^2 分布表(p. 229)より $\chi^2_{ア)}(0.05) = $ イ) であるから，(8.12)より棄却域は $w \geq$ イ) である．

期待度数 $e_i = nq_i$ の値を求め，観測度数の実現値 y_i や $y_i - e_i$, $(y_i - e_i)^2/e_i$ の値とともに表にまとめると，下のようになる．

正常に働く速度	高速	中程度	低速	計
観測度数 y_i	37	48	41	126
期待度数 e_i	31.5	ウ)	44.1	126
$y_i - e_i$	5.5	-2.4	-3.1	0.0
$(y_i - e_i)^2/e_i$	0.9603	0.1143	0.2179	1.293

この表から，(8.11)の検定統計量 W の実現値 w は表の右下端にある 1.293 である．w は棄却域に入らないので，帰無仮説 H_0 を棄却しない．w の値が小さいことも考慮に入れると，工程はうまく管理されているようである．□

なお，上の【解】の空欄ア)，イ)，ウ)には，それぞれ 2, 5.991, 50.4 が入る．

注意5 適合度検定は，これまでの検定とは違い，例題8.5のように消極的ではあるが，帰無仮説を支持するのに使うことがある．ただし，本来，検定は帰無仮説を棄却して対立仮説を支持するのに使うので，帰無仮説の支持は消極的なものに留めておくべきである．

問題6 日本人の血液型の割合は A, O, B, AB 型が $4:3:2:1$ であるといわれている．実際に 60 人の血液型を調べたところ，A, O, B, AB 型の人数は 21, 20, 14, 5 人であった．血液型の割合がいわれているとおりかどうかを，帰無仮説を立て，有意水準 5% で検定しよう．

8.3 適合度検定

母集団分布についての適合度検定　母集団分布について，たとえば，身長の分布が正規分布 $N(\mu, \sigma^2)$ かどうかを調べたいとする．この場合，次の例題のように，データを度数分布表にまとめてから，適合度検定をおこなう．その際，期待度数を求めるために，未知の母数 μ, σ^2 を推定する．これにともない，(8.11)の検定統計量 W が近似的に従う χ^2 分布の自由度は

$$\text{自由度} = (\text{グループの数}) - 1 - (\text{推定した母数の数}) = k - 1 - s \tag{8.13}$$

にかわり，有意水準 $100\alpha\%$ の棄却域は

$$w \geq \chi^2_{k-1-s}(\alpha) \tag{8.14}$$

となる．ここで，s は推定した母数の数である．また，この場合のグループの数 k は，データを度数分布表にまとめる際の階級の数である．

例題 8.6

18歳男性の身長の分布が正規分布であるかどうかを調べるために，100人に身長(cm)を測り，データを下の度数分布表にまとめた．これをもとに，身長の分布が正規分布であるかどうかを有意水準 5% で検定しよう．

番号	1	2	3	4	5	計
階級	～165	165～170	170～175	175～180	180～	
観測度数	15	32	27	18	8	100

【解】 帰無仮説を H_0：" 身長の分布は正規分布 $N(\mu, \sigma^2)$ " とし，有意水準 5% で検定する．$n = 100$ は十分大きいので，(8.11)の W は H_0 の下で χ^2 分布に近似的に従う．自由度を(8.13)から求めると，$k = 5$ であり，2つの未知母数 μ, σ^2 を推定することになるので，$k - 1 - s = 5 - 1 - 2 = 2$ となる．χ^2 分布表(p.229)より $\chi^2_2(0.05) = 5.991$ であるから，(8.14)に代入して棄却域は $w \geq 5.991$ となる．

期待度数を求める準備として，μ, σ^2 を標本平均，不偏分散で推定しよう．度数分布表にまとめられたデータから標本平均，標本分散の実現値を求めると[6]，$\bar{x} = 171.1$, $s_x^2 = 33.54$ となる(第1章の1.2.3項参照)．また，不偏分散の実現値は，$n = 100$ より $v = \dfrac{n}{n-1}s_x^2 \fallingdotseq 33.88$ であるので，μ の値を $\bar{x} = 171.1$，σ^2 の値を $v = 33.88$ と推定する．

H_0 の下で，各階級の母比率の値 q_i と期待度数 e_i を求めよう．X を身長を表す確率変数とすると，1つ目の階級について，母比率の値は $q_1 = P(X < 165)$ と表せる．また，μ, σ^2 を推定した値とみなして，$X \sim N(171.1, 33.88)$ である．4.5節(p.88)で学んだように，X を標準化すると $Z = \dfrac{X - 171.1}{\sqrt{33.88}} \sim N(0, 1)$ であり，

$$q_1 = P(X < 165) = P\left(Z < \dfrac{165 - 171.1}{\sqrt{33.88}}\right)$$
$$\fallingdotseq P(Z < -1.05) = 0.1469$$

となる．また，期待度数は $e_1 = nq_1 = 100 \times 0.1469 = 14.69$ である．他の階級についても同様に比率 q_i と期待度数 e_i を求め，$y_i - e_i$, $(y_i - e_i)^2/e_i$ の値とともに表にまとめると，下のようになる．ただし，y_i は観測度数の実現値である．

番号	1	2	3	4	5	計
比率 q_i	0.1469	ア)	0.3239	0.1884	0.063	1.000
期待度数 e_i	14.69	イ)	32.39	18.84	6.30	100
$y_i - e_i$	0.31	4.22	-5.39	-0.84	1.70	0.00
$(y_i - e_i)^2/e_i$	0.0065	0.6411	0.8969	0.0375	0.4587	2.041

この表から，(8.11)の検定統計量 W の実現値 w は表の右下端にある 2.041 となる．w は棄却域に入らないので，帰無仮説 H_0 を棄却しない．w の値が小さいことも考慮に入れると，身長の分布は正規分布であると考えられる． □

なお，上の表の空欄 ア)，イ) には，それぞれ 0.2778, 27.78 が入る．

---

[6] 階級1と5の階級値は162.5と182.5とみなす．

問題 7 ダーツを3回投げることを1セットとし，そのうちで高得点の部分にあたった回数 X を 100 セット分記録し，下の表にまとめた．1セットのうち高得点の部分にあたる回数 X の分布は二項分布と考えてよいか．有意水準を 5% で検定しよう．

X の値	0	1	2	3	計
観測度数	19	49	25	7	100

8.4 独立性の検定

この節では，次の例のような2つの属性に関連がないかどうかの検定(**独立性の検定**という)を学ぶ．この検定には，8.3節で学んだ適合度検定を利用するので，ここでもサンプルサイズは十分に大きいとする．

例 1

ある病気の予防接種をすると，その病気にかからないか，かかっても症状が軽いことが期待される．このことが正しいかどうかをデータをもとに判断するには，予防接種をしたかどうかを属性 A，病気の程度を属性 B として，帰無仮説 H_0：" 2 つの属性 A，B に関連がない" を検定するとよい．　◆

例 1 では，母集団は多くの人の集まりであり，予防接種をしたかどうかで2つに分かれ，病気の程度でいくつかに分かれる．一般に，属性 A により k 個のグループ $A_1, A_2, \cdots, A_k$ に，属性 B により l 個のグループ $B_1, B_2, \cdots, B_l$ に分かれているとする．このとき，2つの属性により，母集団は $k \times l$ 個のグループ $A_i \cap B_j$ ($i = 1, 2, \cdots, k$, $j = 1, 2, \cdots, l$) に分けられる．

この母集団からサイズ n のサンプルをとり出す．そのうちでグループ $A_i \cap B_j$ に属すものの個数，つまり観測度数を Y_{ij} で表す．また，母集団におけるグループ $A_i \cap B_j$ の比率，つまり母比率を p_{ij} で表す．表 8.2 と表 8.3 は Y_{ij} と p_{ij} をまとめたものである．表では，$k = 2, l = 3$ としているが，一般の k, l についても，以降で述べることは同様に成り立つ．

表 8.2 観測度数

	B_1	B_2	B_3	計
A_1	Y_{11}	Y_{12}	Y_{13}	$Y_{1\bullet}$
A_2	Y_{21}	Y_{22}	Y_{23}	$Y_{2\bullet}$
計	$Y_{\bullet 1}$	$Y_{\bullet 2}$	$Y_{\bullet 3}$	n

表 8.3 母比率

	B_1	B_2	B_3	計
A_1	p_{11}	p_{12}	p_{13}	$p_{1\bullet}$
A_2	p_{21}	p_{22}	p_{23}	$p_{2\bullet}$
計	$p_{\bullet 1}$	$p_{\bullet 2}$	$p_{\bullet 3}$	1

表 8.2 において,$Y_{i\bullet} = Y_{i1} + Y_{i2} + Y_{i3}$, $Y_{\bullet j} = Y_{1j} + Y_{2j}$ は観測度数の行和,列和である ($i = 1, 2, j = 1, 2, 3$).同様に,表 8.3 において,$p_{i\bullet}, p_{\bullet j}$ は母比率の行和,列和である.なお,表 8.2 は,縦に 2 行,横に 3 列に分けられているので,2 × 3 **分割表**といわれる.また,表 8.3 は,離散型確率変数の同時確率分布表(表 3.2(p.56)参照)とみなすこともできる.

帰無仮説 H_0:"2 つの属性 A,B に関連がない"の下で,母比率 p_{ij} の値 q_{ij} と期待度数 e_{ij} を求めよう.H_0 の下で,属性 A,B に関連がないので,2 つの離散型確率変数が独立であることを表す (3.14)(p.58) と同様に,

$$p_{ij} = p_{i\bullet} p_{\bullet j} \tag{8.15}$$

が成り立つ($i = 1, 2, j = 1, 2, 3$).ここで,母集団におけるグループ A_i と B_j の比率 $p_{i\bullet}$ と $p_{\bullet j}$ を,サンプルにおけるそれぞれの比率 $\dfrac{Y_{i\bullet}}{n}$,$\dfrac{Y_{\bullet j}}{n}$ で推定する.このとき,(8.15) より p_{ij} はこれらの積 $\dfrac{Y_{i\bullet} Y_{\bullet j}}{n^2}$ で推定できる.この積を q_{ij} として,期待度数は $e_{ij} = n q_{ij} = \dfrac{Y_{i\bullet} Y_{\bullet j}}{n}$ となる.

以上の結果,検定統計量は

$$W = \sum_{i=1}^{2} \sum_{j=1}^{3} \frac{(Y_{ij} - e_{ij})^2}{e_{ij}} = \sum_{i=1}^{2} \sum_{j=1}^{3} \frac{\left(Y_{ij} - \dfrac{Y_{i\bullet} Y_{\bullet j}}{n}\right)^2}{\dfrac{Y_{i\bullet} Y_{\bullet j}}{n}} \tag{8.16}$$

となる.この検定統計量は,書き方は異なるが,(8.11)(p.188) の W と本質的に同じものである.そして,サンプルサイズ n が十分大きいとき,帰

8.4 独立性の検定

無仮説 H_0 の下で W は χ^2 分布に近似的に従う.

χ^2 分布の自由度を，(8.13)から求めよう．推定した母数は，$p_{1\bullet}, p_{2\bullet}$ と $p_{\bullet 1}, p_{\bullet 2}, p_{\bullet 3}$ である．しかし，$p_{1\bullet} + p_{2\bullet} = 1$ より $p_{2\bullet} = 1 - p_{1\bullet}$ なので，$p_{1\bullet}$ を推定すれば $p_{2\bullet}$ は結果的に推定したことになる．$p_{\bullet 1}, p_{\bullet 2}, p_{\bullet 3}$ についても同様に，$p_{\bullet 3} = 1 - p_{\bullet 1} - p_{\bullet 2}$ なので，実質的には合計 $(2-1) + (3-1) = 3$ 個の母数を推定したことになる．したがって，自由度は

$$(\text{グループの数}) - 1 - (\text{推定した母数の数}) = (2 \times 3) - 1 - 3 = 2 \tag{8.17}$$

となる．

問題 8 $k = 2, l = 3$ の場合，自由度は (8.17) で求めた 2 である．これを参考に，k, l が一般の整数の場合，自由度が $(k-1)(l-1)$ となることを確かめよう．

問題 8 で確かめたことも考慮に入れて，有意水準 $100\alpha\%$ の棄却域は

$$w \geq \chi^2_{(k-1)(l-1)}(\alpha) \tag{8.18}$$

となる．ただし，w は (8.16) の検定統計量 W の実現値である．

例題 8.7（例 1 の続き）

200 人をランダムに選び，予防接種をしたかどうかと病気の程度を調べ，結果を右下の表にまとめた．予防接種と病気の程度の間に関連がないかどうかを有意水準 5% で検定しよう．ただし，A_1 は予防接種をしたことを，A_2 はしなかったことを表し，B_1 は病気にかからなかったことを，B_2 はかかったが軽度を，B_3 は中程度以上を表す.

	B_1	B_2	B_3	計
A_1	70	9	6	85
A_2	78	23	14	115
計	148	32	20	200

【解】 帰無仮説 H_0：" 予防接種と病気の程度の間に関連がない " を有意水準 5% で検定する．$n = 200$ は十分大きいので，(8.16) の検定統計量 W は近似的に χ^2 分布に従う．その自由度は，(8.17) より 2 である．χ^2 分布表 (p.229) より $\chi^2_2(0.05) = 5.991$ であるから，(8.18) より棄却域は $w \geq 5.991$ である．

観測度数の実現値 y_{ij} から期待度数 $e_{ij} = \dfrac{y_{i\bullet}y_{\bullet j}}{n}$ の値を求め，表にまとめると，右のようになる．これらの値から (8.16) の W の実現値を求めると

	B_1	B_2	B_3	計
A_1	62.9	13.6	8.5	85.0
A_2	85.1	18.4	11.5	115.0
計	148.0	32.0	20.0	200.0

$$w = \frac{(70-62.9)^2}{62.9} + \frac{(9-13.6)^2}{13.6} + \frac{(6-8.5)^2}{8.5} + \cdots + \frac{(14-11.5)^2}{11.5} \fallingdotseq 5.379$$

となる．これは棄却域に入らないので，帰無仮説 H_0 を棄却しない．いいかえると，予防接種と病気の程度の間に関連がないかどうかはわからない．□

注意 6 例題 8.7 (とその【解】) にある 2 つの分割表を比べると，観測度数の行和，列和は，対応する期待度数の行和，列和とそれぞれ等しいことがわかる．なお，このことが一般的に成り立つことを章末の練習問題 4 (p.199) で確かめる．

問題 9 あるレストランのオーナーは，お客さんが 1 人で来たのか 2 人以上のグループで来たのかと，サイドメニューの注文があるかないかの間に関連があると予想している．そこで，来店時の人数と

	注文あり	注文なし	計
1 人	10	32	42
2 人以上	38	46	84
計	48	78	126

サイドメニューの注文の有無を調べ，右上の表にまとめた．オーナーの予想は正しいと判断してよいか．有意水準 5% で検定しよう．

8.5 相関係数の検定

右手と左手の握力や，身長と靴のサイズなどの 2 つの変量 X と Y があるとき，これらの間に相関があるかどうかを調べたいことがある．そのためには，どのような仮説を検定するとよいだろうか．まず，2 つの変量を 2 次元確率変数 (X, Y) ととらえて，相関の程度を相関係数 $\rho(X, Y)$ ((3.22) (p.64)) で測る．これを ρ とおくと，相関があることは $\rho \neq 0$ であるので，対立仮説を $H_1 : \rho \neq 0$，帰無仮説を $H_0 : \rho = 0$ とするとよい．

サイズ n のサンプル $(X_1, Y_1), (X_2, Y_2), \cdots, (X_n, Y_n)$ が得られると

し，H_0 を H_1 に対し有意水準 $100\alpha\%$ で検定しよう．なお，ここでは，サンプルサイズ n は大きくなくてもよい．

まず，サンプルの相関係数 R を，2次元データの相関係数((1.19)(p.22))と同様に定める．この R が 0 から離れた値をとることは $H_1 : \rho \neq 0$ を支持する理由となるので，R を用いて検定統計量を定めることにする．

詳しいことは省略するが，検定統計量 T_0 を

$$T_0 = \frac{\sqrt{n-2}\,R}{\sqrt{1-R^2}} \tag{8.19}$$

とすると，帰無仮説 H_0 の下で，T_0 は自由度 $n-2$ の t 分布 t_{n-2} に従うことが知られている．このことから，たとえば母平均の検定と同様に

$$t_0 \geq t_{n-2}\left(\frac{\alpha}{2}\right) \quad \text{または} \quad t_0 \leq -t_{n-2}\left(\frac{\alpha}{2}\right) \tag{8.20}$$

が有意水準 $100\alpha\%$ の棄却域となる．ただし，$t_{n-2}\left(\frac{\alpha}{2}\right)$ は自由度 $n-2$ の t 分布の上側 $100\frac{\alpha}{2}\%$ 点である．また，t_0 は検定統計量 T_0 の実現値である．t_0 の計算に必要な R の実現値 r は，サンプルの実現値 $(x_1, y_1), (x_2, y_2), \cdots, (x_n, y_n)$ から (1.19) により求めた相関係数の値である．

例題 8.8

14 人の身長 (cm) と靴のサイズ (cm) を調べたところ，相関係数が 0.479 であった．これをもとに，身長と靴のサイズの間に相関があると判断してよいか．有意水準 5% で検定しよう．

【解】 $n = 14$, $\alpha = 0.05$ であり，t 分布表 (p.228) より $t_{14-2}(0.025) = 2.179$ であるから，(8.20) の棄却域は $t_0 \geq 2.179$ または $t_0 \leq -2.179$ となる．(8.19) の検定統計量 T_0 の実現値 t_0 を求めると，$r = 0.479$ より，$t_0 = \frac{\sqrt{n-2}\,r}{\sqrt{1-r^2}} \fallingdotseq 1.890$ となる．これは棄却域に入らない．よって，H_0 を棄却しない．つまり，身長と靴のサイズには相関があるかどうかわからない．□

問題 10 高校 1 年の男子生徒からランダムに 20 人を選び,右手と左手の握力(kg重)を調べたところ,相関係数は 0.781 であった.これをもとに,右手と左手の握力には相関があると判断してよいか.有意水準 1% で検定しよう.

第 8 章　練習問題

1. 次の表は 2 人の陸上競技の選手が 100 m を 5 回ずつ走った記録(秒)である.

A さん	12.2	11.9	12.5	12.0	12.3
B さん	11.6	12.1	12.0	11.5	11.7

    A さん,B さんの記録の分布は,それぞれ正規分布 $N(\mu_1, \sigma_1^2)$, $N(\mu_2, \sigma_2^2)$ であるとする.このとき,
    (1) 2 人の 100 m 走の記録には,平均的に違いがあると判断できるか.有意水準 5% で検定しよう.ただし,$\sigma_1^2 = \sigma_2^2$ とする.
    (2) 分散についての帰無仮説 $H_0 : \sigma_1^2 = \sigma_2^2$ を対立仮説 $H_1 : \sigma_1^2 < \sigma_2^2$ に対し有意水準 5% で検定しよう.

2. (8.8) (p. 185) の検定統計量 $F_0 = \dfrac{V_X}{V_Y}$ を,V_X, V_Y の代わりに標本分散 S_X^2, S_Y^2 を用いて表そう.

3. 8.3 節では,母集団が k 個のグループ $A_1, A_2, \cdots, A_k$ に分けられているとして,適合度検定を学んだ.この問題では,$k = 2$ として,サンプルサイズ n が十分大きいときに (8.11) (p. 188) の検定統計量 W が,(8.9) (p. 187) の帰無仮説 H_0 の下で,近似的に従う分布を求めていく.

    帰無仮説 H_0 が正しいとして,次の問に答えよう.ただし,グループ A_1 の母比率には,H_0 の下での値 q_1 を用いることとする.
    (1) グループ A_1 の観測度数 Y_1 が従う分布を求めよう.さらに,$\widehat{P} = \dfrac{Y_1}{n}$ とおいて,期待値 $E[\widehat{P}]$ と分散 $V[\widehat{P}]$ も答えよう.
    (2) $\widehat{P}$ を標準化しよう(これ以降,標準化したものを Z で表すことにする).

（3） サンプルサイズ n が十分大きいとき，Z と Z^2 のそれぞれが近似的に従う分布を求めよう．なお，第4章の4.4節(p.84)と第5章の練習問題4(p.136)が参考になる．

（4） $W = Z^2$ を確かめよう．また，サンプルサイズ n が十分大きいとき，W が近似的に従う分布を求めよう．

4. 2×3 分割表(表8.2(p.194))において，観測度数の行和，列和が，対応する期待度数の行和，列和とそれぞれ等しいことを確かめよう．

第9章

最小2乗法と回帰直線

　農作物に与える肥料の量と収穫量，商品の価格と売れた個数など，原因と結果の関係にある2つの変量があるとき，それらの間の関係はどのようなものだろうか．この章では，2つの変量間の関係を直線ととらえて，調査や実験などにより得たデータをもとに，その直線を統計的に推定する方法を紹介する．

9.1 散布図と回帰モデル

散布図　調査や実験などにより，2 つの変量 X, Y の n 組の観測値 $(x_1, y_1), (x_2, y_2), \cdots, (x_n, y_n)$ を得たとする．X, Y の関係をとらえるためには 1.3 節で学んだ散布図を描くとよい．

例題 9.1

ある種の農作物に与える肥料の量 X と収穫量 Y の関係を調べるため，面積 1 アールの農地 7 か所で，与える肥料の量を変えてその農作物を栽培し，以下のデータを得た．このデータから散布図を描こう．

X の値	14	15	17	17	18	18	20
Y の値	42	41	45	44	47	45	50

【解】X, Y の値の組を座標とする点を描くと，散布図は図 9.1 のようになる．
□

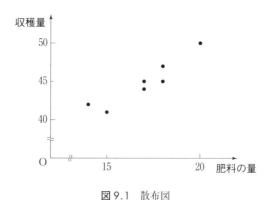

図 9.1　散布図

例題 9.1 で描いた散布図 (図 9.1) をながめると，肥料の量と収穫量に直線的な関係があるように見える．そこで，次の問題 1 のようにして，2 つの変量の関係をおおまかに表す直線を散布図に描き加えてみよう．

問題1 図9.1に描かれた7個の点に良くあてはまっていると思える直線を，定規などで示そう．さらに，その直線を最もあてはまりが良くなると思えるように微調整した後，図に描き加えよう．ただし，あてはまりの良さは主観により判断してよい．

回帰モデル　例題9.1のように，2つの変量 X, Y の間に，完全ではないが，直線的な関係があるとする．このとき，X, Y の関係をおおまかに表す直線は，問題1でおこなったように，主観的に見つけることができる．では，このことをデータにもとづいて客観的におこなうには，どうすればよいだろうか．ここではそのための準備をし，9.2節でその方法を説明しよう．

まず，2つの変量 X, Y の関係をおおまかに表す直線の式を
$$y = \alpha + \beta x \tag{9.1}$$
とする．このとき，変量 Y はおよそ $\alpha + \beta X$ であるので，X により Y をおおまかに説明しているととらえて，X を**説明変数**，Y を**目的変数**という．また，直線(9.1)を(母)**回帰直線**といい，α, β を**回帰母数**という．目標は回帰母数，回帰直線を推定することである．

推定のため，実験などをおこなって，説明変数 X の n 個の値 $x_1, x_2, \cdots, x_n$ に対し，目的変数 Y を調べる．それらを $Y_1, Y_2, \cdots, Y_n$ とすると，
$$Y_k = \alpha + \beta x_k + \varepsilon_k \quad (k = 1, 2, \cdots, n) \tag{9.2}$$
と表せる．これを**回帰モデル**という．右辺の $\alpha + \beta x_k$ は回帰直線(9.1)の x を x_k としたときの y の値である．また，ε_k は回帰直線では Y_k を表しきれない部分であり，**誤差**という．図9.2に回帰直線と誤差を描いておく．

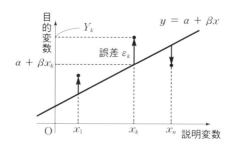

図 9.2　回帰直線 $y = \alpha + \beta x$ と誤差 ε_k（矢印で表示）

回帰モデル (9.2) は x_k から Y_k が得られる過程を表している．説明変数の値 x_k が，回帰直線により $\alpha + \beta x_k$ に変換され，さらに，誤差 ε_k が加わって，目的変数 Y_k となる．この過程を次の図 9.3 に示しておこう．

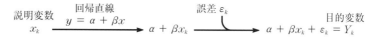

図 9.3　説明変数 x_k から目的変数 Y_k が得られる過程

9.2　回帰直線の推定方法（最小 2 乗法）

この節では，最小 2 乗法といわれる推定方法を説明し，その方法により，回帰母数 α, β の推定量 $\widehat{\alpha}, \widehat{\beta}$ を求める．さらに，この推定量を用いて，母回帰直線 $y = \alpha + \beta x$ を推定した直線 $y = \widehat{\alpha} + \widehat{\beta} x$ の描き方を説明しよう．

残差平方和と最小 2 乗法　説明変数の値が $x_1, x_2, \cdots, x_n$ のときの目的変数 $Y_1, Y_2, \cdots, Y_n$ を用いて，未知母数 α, β を推定しよう．どのように推定するとよいかはまだわからないが，とりあえず，α を $\widehat{\alpha}$ で，β を $\widehat{\beta}$ で推定できたとする．そうすると，推定された回帰直線は $y = \widehat{\alpha} + \widehat{\beta} x$ となる．これを頼りにして，説明変数の値が x_k のときの目的変数を見積もると

9.2 回帰直線の推定方法（最小2乗法）

$$\widehat{Y}_k = \widehat{\alpha} + \widehat{\beta} x_k \qquad (k = 1, 2, \cdots, n) \qquad (9.3)$$

となる．これを**予測量**とよぶ．また，目的変数 Y_k と予測量 $\widehat{Y}_k$ との差は

$$e_k = Y_k - \widehat{Y}_k = Y_k - \widehat{\alpha} - \widehat{\beta} x_k \qquad (9.4)$$

である．この e_k を**残差**とよぶ（次の図 9.4 参照）．

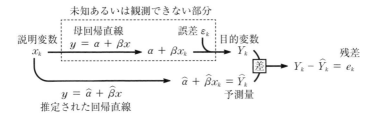

図 9.4 残差 $e_k = Y_k - \widehat{Y}_k$ の導出過程

図 9.5 は残差と推定された回帰直線の関係を示している．ここでは，残差を点 (x_k, Y_k) と直線 $y = \widehat{\alpha} + \widehat{\beta} x$ のずれとして扱うことにしよう．

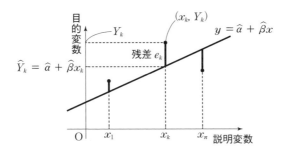

図 9.5 残差（太い縦の線）と推定された回帰直線

$x_1, x_2, \cdots, x_n$ におけるずれが全体として小さいとき，母回帰直線 $y = \alpha + \beta x$ が直線 $y = \widehat{\alpha} + \widehat{\beta} x$ でうまく推定できていると考えてよい．そこで，推定量 $\widehat{\alpha}, \widehat{\beta}$ を定める規準として，n 個のずれをまとめた量を導入しよう．残差は正でも負でも，ずれていることを表す．単なる残差の和は，正

と負の残差が打ち消しあい，ずれをまとめた量として好ましくないので，

$$SS_e = \sum_{k=1}^{n} e_k^2 = \sum_{k=1}^{n} (Y_k - \widehat{Y}_k)^2 = \sum_{k=1}^{n} (Y_k - \widehat{\alpha} - \widehat{\beta} x_k)^2$$
(9.5)

のように，残差を2乗(平方)してから和をとる．この SS_e を**残差平方和**といい，ずれを1つにまとめた量として扱うことにする．

SS_e が小さいとき，うまく推定できていると考えてよいので，残差平方和 SS_e が最小になるように推定量 $\widehat{\alpha}, \widehat{\beta}$ を定める．この方法を**最小2乗法**といい，得られる推定量を**最小2乗推定量**(least squares estimator)という．

最小2乗推定量が満たす条件(方程式)　残差平方和 SS_e を最小にする $\widehat{\alpha}, \widehat{\beta}$ を求めるため，しばらくの間 $\widehat{\alpha}, \widehat{\beta}$ を変数とみなして，SS_e を $\widehat{\alpha}, \widehat{\beta}$ の関数として扱うことにする．

SS_e を最小にする $\widehat{\alpha}, \widehat{\beta}$ は，SS_e の偏導関数を0にするので，

$$\begin{cases} \dfrac{\partial}{\partial \widehat{\alpha}} SS_e = -2 \sum_{k=1}^{n} (Y_k - \widehat{\alpha} - \widehat{\beta} x_k) = 0 \\ \dfrac{\partial}{\partial \widehat{\beta}} SS_e = -2 \sum_{k=1}^{n} (Y_k - \widehat{\alpha} - \widehat{\beta} x_k) x_k = 0 \end{cases}$$
(9.6)

を満たす．上式を整理すると，

$$\begin{cases} \widehat{\alpha} n + \widehat{\beta} \sum_{k=1}^{n} x_k = \sum_{k=1}^{n} Y_k \\ \widehat{\alpha} \sum_{k=1}^{n} x_k + \widehat{\beta} \sum_{k=1}^{n} x_k^2 = \sum_{k=1}^{n} x_k Y_k \end{cases}$$
(9.7)

となる．これを**正規方程式**という．

問題 2　(9.6)から正規方程式(9.7)を導き出そう．

9.2 回帰直線の推定方法（最小2乗法）

正規方程式を解く　正規方程式(9.7)の第1式の両辺を n で割ると

$$\widehat{\alpha} + \widehat{\beta}\bar{x} = \bar{Y} \tag{9.8}$$

となる．ここで，$\bar{x} = \dfrac{1}{n}\displaystyle\sum_{k=1}^{n} x_k,\ \bar{Y} = \dfrac{1}{n}\displaystyle\sum_{k=1}^{n} Y_k$ である．

また，正規方程式(9.7)の第2式の両辺を n で割ると

$$\widehat{\alpha}\bar{x} + \widehat{\beta}\cdot\frac{1}{n}\sum_{k=1}^{n} x_k^2 = \frac{1}{n}\sum_{k=1}^{n} x_k Y_k \tag{9.9}$$

となる．(9.8)の両辺に $\bar{x}$ をかけ，(9.9)から引くと，

$$\widehat{\beta}\left(\frac{1}{n}\sum_{k=1}^{n} x_k^2 - \bar{x}^2\right) = \frac{1}{n}\sum_{k=1}^{n} x_k Y_k - \bar{x}\bar{Y}$$

が得られる．左辺にある $\dfrac{1}{n}\displaystyle\sum_{k=1}^{n} x_k^2 - \bar{x}^2$ は分散公式（定理1.2(p.10)）から，分散 s_x^2 となる．また，右辺の $\dfrac{1}{n}\displaystyle\sum_{k=1}^{n} x_k Y_k - \bar{x}\bar{Y}$ は共分散公式（定理1.5(p.18)）から，共分散 s_{xY} となる．したがって，

$$\widehat{\beta} s_x^2 = s_{xY}$$

となり，両辺を s_x^2 で割って[1]，$\widehat{\beta} = \dfrac{s_{xY}}{s_x^2}$ が得られる．さらに，(9.8)から $\widehat{\alpha} = \bar{Y} - \widehat{\beta}\bar{x} = \bar{Y} - \dfrac{s_{xY}}{s_x^2}\bar{x}$ である．こうして得られた $\widehat{\alpha},\ \widehat{\beta}$ が正規方程式の解である．

最小2乗推定量　章末の練習問題3(p.211)で確かめるように，先に求めた正規方程式の解は残差平方和 SS_e を最小にする．よって，α, β の最小2乗推定量 $\widehat{\alpha}, \widehat{\beta}$ は

---

[1] 説明変数と目的変数の関係を調べるための調査や実験は，多くの場合，説明変数の値を変えながらおこなう．その場合，$x_1, x_2, \cdots, x_n$ がすべて等しいことはないので，$s_x^2 \neq 0$ である（第1章の問題1(p.10)参照）．

$$\begin{cases} \widehat{\alpha} = \overline{Y} - \widehat{\beta}\bar{x} \\ \widehat{\beta} = \dfrac{s_{xY}}{s_x^2} \end{cases} \quad (9.10)$$

である．ただし，$\bar{x} = \dfrac{1}{n}\sum_{k=1}^{n} x_k$，$\overline{Y} = \dfrac{1}{n}\sum_{k=1}^{n} Y_k$ であり，$s_x^2 = \dfrac{1}{n}\sum_{k=1}^{n}(x_k - \bar{x})^2$，$s_{xY} = \dfrac{1}{n}\sum_{k=1}^{n}(x_k - \bar{x})(Y_k - \overline{Y})$ である．

例題 9.2（例題 9.1 (p. 202) の続き）

回帰モデル (9.2) (p. 203) を仮定する．例題 9.1 のデータから回帰母数 α, β の最小 2 乗推定量 $\widehat{\alpha}, \widehat{\beta}$ の実現値を求めよう．

【解】 最小 2 乗推定量 $\widehat{\alpha}, \widehat{\beta}$ の実現値を求めるため，標本平均 $\bar{x}, \overline{Y}$ の値と分散 s_x^2, 共分散 s_{xY} の値を求める．その準備として，$u_k = x_k - 17, v_k = Y_k - 45$ ($k = 1, 2, \cdots, 7$) と変換して，次の表を作る（例題 1.9 (p. 26) 参照）．

番号(k)	1	2	3	4	5	6	7	計
x_k	14	15	17	17	18	18	20	
Y_k	42	41	45	44	47	45	50	
u_k	-3	-2	0	0	1	1	3	0
v_k	-3	-4	0	-1	2	0	5	-1
u_k^2	9	4	0	0	1	1	9	24
$u_k v_k$	9	8	0	0	2	0	15	34

この表から，$\bar{u} = \dfrac{0}{7} = 0$，$\bar{v} = \dfrac{-1}{7} \fallingdotseq -0.1429$ となり，$\bar{x} = \bar{u} + 17 = 17$，$\overline{Y} = \bar{v} + 45 \fallingdotseq 44.86$ となる（例題 1.5 (p. 13) 参照）．また，データを変換したときの分散の関係式 (1.10) (p. 12) から $s_x^2 = s_u^2$ であり，(1.23) (p. 25) から $s_{xY} = s_{uv}$ がわかる．さらに，分散公式（定理 1.2 (p. 10)），共分散公式（定理 1.5 (p. 18)）から，

$$s_x^2 = s_u^2 = \dfrac{24}{7} - 0^2 \fallingdotseq 3.429, \quad s_{xY} = s_{uv} = \dfrac{34}{7} - 0 \times (-0.1429) \fallingdotseq 4.857$$

を得る．よって，最小2乗推定量の実現値は

$$\widehat{\beta} = \frac{s_{xY}}{s_x^2} = \frac{4.857}{3.429} \fallingdotseq 1.416,$$

$$\widehat{\alpha} = \overline{Y} - \widehat{\beta}\overline{x} = 44.86 - 1.416 \times 17 \fallingdotseq 20.79$$

となる．□

問題 3 ある商品の価格 x と一定期間に売れる個数 Y について，回帰モデル(9.2)(p.203)を仮定する．価格 x を 250, 260, $\cdots$, 300(円) にしたときの売れた個数，つまり Y の実現値は下の表にまとめられている．これをもとに，回帰母数 α, β の最小2乗推定量 $\widehat{\alpha}, \widehat{\beta}$ の実現値を求めよう．

x	250	260	270	280	290	300
Y	610	570	580	520	520	470

推定された回帰直線　推定された回帰直線 $y = \widehat{\alpha} + \widehat{\beta}x$ を，定規などを使って描くには，次の例題9.3のように，直線 $y = \widehat{\alpha} + \widehat{\beta}x$ が通る点のうち，なるべく離れた2つの点の座標を求め，それらを直線で結ぶとよい．

例題 9.3

例題9.1(p.202)で描いた散布図に，例題9.2で求めた最小2乗推定量により推定された回帰直線 $y = \widehat{\alpha} + \widehat{\beta}x$ を描き加えよう．

【解】 例題9.1で描いた散布図では，肥料の量(説明変数の値)は 14～20 である．推定された回帰直線 $y = 20.79 + 1.416x$ において，$x = 14, 20$ のときの y の値をそれぞれ求めると，$y = 20.79 + 1.416 \times 14 \fallingdotseq 40.61$, $y = 20.79 + 1.416 \times 20 = 49.11$ となる．2点 P(14, 40.61), Q(20, 49.11) を通る直線，つまり推定された回帰直線を描き加えると図9.6のようになる．□

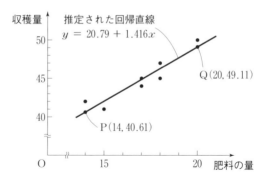

図 9.6 散布図に描かれた推定された回帰直線

描いた直線の傾きは $\hat{\beta} = 1.416$ である．このことから，肥料の量を 1 増やすと収穫量は 1.416 増えると見込んでよい．このように，回帰母数の推定値から，説明変数と目的変数の関係を定量的に述べることができる．

注意 1 問題 1 (p. 203) で主観的にあてはまりの良い直線を描いたが，例題 9.3 で描いた直線は，データにもとづいて客観的に推定した回帰直線である．

最小 2 乗推定量を用いて推定した回帰直線 $y = \hat{\alpha} + \hat{\beta} x$ は，(9.10) より $y = \bar{Y} + \hat{\beta}(x - \bar{x})$ と書きなおせるので，点 $(\bar{x}, \bar{Y})$ を通ることがわかる．なお，このことは，正規方程式を解く途中で得た式 (9.8) からもわかる．

問題 4 推定された回帰直線が描き加えられた散布図 (図 9.6) に，点 $(\bar{x}, \bar{Y}) = (17, 44.86)$ を描き加え，その点が推定された回帰直線上にあることを確かめよう．

問題 5 問題 3 の続きとして，散布図を描き，さらに推定された回帰直線を描こう．

第9章 練習問題

1. ある製品の製造過程で，触媒を反応させるときの温度 x(℃) と製品の性能を表す指標 Y $(0 \leq Y \leq 100)$ について，回帰モデル $Y = \alpha + \beta x + \varepsilon$ を仮定する．ここで，ε は誤差である．温度 x の設定を変えて作った製品の指標 Y を下の表にまとめた．これをもとに，回帰母数 α, β の最小2乗推定量 $\widehat{\alpha}, \widehat{\beta}$ の実現値を求めよう．

x	48	51	43	53	45
Y	78	91	65	84	82

2. バッテリー(充電池)をフル充電した後の使用時間 x(分) と，そのときの充電率 Y $(0 \leq Y \leq 1)$ に回帰モデル $Y = \alpha + \beta x + \varepsilon$ を仮定する (ε は誤差)．フル充電後まだ使用していない，つまり $x = 0$ のとき，充電率は $Y = 1$ であるので，切片は $\alpha = 1$ である．したがって，回帰モデルは $Y = 1 + \beta x + \varepsilon$ となる．

使用時間が $x_1, x_2, \cdots, x_n$ のときの充電率 $Y_1, Y_2, \cdots, Y_n$ を測定し，これをもとに，回帰母数 β を推定する．このとき，最小2乗推定量 $\widehat{\beta}$ を，以下の手順で求めよう．ただし，$\sum_{k=1}^{n} x_k^2 > 0$ とする．

(1) 使用時間が x_k のときの充電率の予測量は $\widehat{Y}_k = 1 + \widehat{\beta} x_k$ である．このことを用いて，残差 e_k を表そう．

(2) 残差平方和 SS_e を $\widehat{\beta}$ の2次式として表そう．

(3) 正規方程式を作り(SS_e を $\widehat{\beta}$ で微分し，0とおき，整理し)，解を求めよう．なお，この解が最小2乗推定量 $\widehat{\beta}$ である．

3. 次の手順で，正規方程式(9.7)(p.206)の解が残差平方和 $SS_e = \sum_{k=1}^{n} e_k^2$ を最小にすることを確かめよう[2]．

(1) $e_k = (Y_k - \bar{Y}) - (\widehat{\alpha} - \bar{Y} + \widehat{\beta} \bar{x}) - \widehat{\beta}(x_k - \bar{x})$ を確かめよう．

---

[2] 極小にすることだけなら，SS_e の2次偏導関数を用いて，確かめることもできる(本シリーズ 川野・薩摩・四ツ谷 共著『微分積分 ＋ 微分方程式』の定理 7.4 参照)．

(2) $\displaystyle\sum_{k=1}^{n}(\widehat{a}-\overline{Y}+\widehat{\beta}\overline{x})(x_k-\overline{x})=0$ と $\displaystyle\sum_{k=1}^{n}(\widehat{a}-\overline{Y}+\widehat{\beta}\overline{x})(Y_k-\overline{Y})=0$ を確かめよう.

(3) $\dfrac{1}{n}SS_e=s_Y^2+(\widehat{a}-\overline{Y}+\widehat{\beta}\overline{x})^2+\widehat{\beta}^2 s_x^2-2\widehat{\beta}s_{xY}$ を確かめよう. ただし, $s_Y^2=\dfrac{1}{n}\displaystyle\sum_{k=1}^{n}(Y_k-\overline{Y})^2$ である (s_x^2, s_{xY} については (9.10) (p.208) の下を参照).

(4) $\widehat{\beta}^2 s_x^2-2\widehat{\beta}s_{xY}$ を $\widehat{\beta}$ について平方完成して, $\widehat{a}, \widehat{\beta}$ が正規方程式の解のとき, すなわち, $\widehat{a}=\overline{Y}-\widehat{\beta}\overline{x}$, $\widehat{\beta}=\dfrac{s_{xY}}{s_x^2}$ のとき, 残差平方和 SS_e が最小となることを確かめよう.

問題解答

第1章

問題 1 (p.10) （略） **問題 2** (p.11) 平均は 5.8, 分散は 18.96, 標準偏差は 4.354. **問題 3** (p.14) $\bar{x} = 180.2, s_x^2 \fallingdotseq 111.8, s_x \fallingdotseq 10.57$ **問題 4** (p.15) 定理 1.3 (p.12) を, $a = \bar{x}, b = s_x$ として用いると, $\bar{x} = b\bar{z} + a = s_x\bar{z} + \bar{x}, s_x = bs_z = s_x s_z$ となり, $\bar{z} = 0, s_z = 1$ を得る. **問題 5** (p.17) (1.15) (p.17) と $(x_i - \bar{x})^2 f_i = x_i^2 f_i - 2\bar{x}x_i f_i + \bar{x}f_i^2$ から $s_x^2 = \dfrac{1}{n}\left\{\sum_{i=1}^{l} x_i^2 f_i - 2\bar{x}\sum_{i=1}^{l} x_i f_i + \bar{x}^2 \sum_{i=1}^{l} f_i\right\}$ となる. さらに, $\sum_{i=1}^{l} f_i = n$ と (1.14) から (1.16) が成り立つ. **問題 6** (p.18) $(x_k - \bar{x})(y_k - \bar{y}) = x_k y_k - x_k \bar{y} - \bar{x} y_k + \bar{x}\bar{y}$ より, $s_{xy} = \dfrac{1}{n}\sum_{k=1}^{n}(x_k y_k - x_k \bar{y} - \bar{x} y_k + \bar{x}\bar{y}) = \dfrac{1}{n}\sum_{k=1}^{n} x_k y_k - \bar{x}\bar{y} - \bar{x}\bar{y} + \bar{x}\bar{y} = \dfrac{1}{n}\sum_{k=1}^{n} x_k y_k - \bar{x}\bar{y}$ となる. **問題 7** (p.19) $s_{xy} \fallingdotseq -9.667$ **問題 8** (p.22) $r_{xy} \fallingdotseq -0.698$

練習問題

1. （1）並べ替えたときの 3 番目の 177 がメディアンである．（2）3 番目と 4 番目の数値 13, 14 の平均 $\dfrac{13 + 14}{2} = 13.5$ がメディアンである．

2. 度数が最も大きい 3 番目の階級の階級値 22.5 がモードである．

3. 次の表のように元の階級値を x_i で表して, $u_i = \dfrac{x_i - 22.5}{5}$ $(i = 1, 2, \cdots, 6)$ と変換する (22.5 はモード (練習問題 2 参照), 5 は階級の幅). さらに, 必要となる値を表に書き加える.

度数分布表(変換後の階級値なども記入)

番 号(i)	1	2	3	4	5	6	計
階級値(x_i)	12.5	17.5	22.5	27.5	32.5	37.5	
度 数(f_i)	4	14	19	9	3	1	50
変換後(u_i)	-2	-1	0	1	2	3	
$u_i f_i$	-8	-14	0	9	6	3	-4
$u_i^2 f_i$	16	14	0	9	12	9	60

変換後の平均は $\bar{x} = \dfrac{-4}{50} = -0.08$ となる.分散公式(定理 1.4 (p.17))を用いて,分散は $s_u^2 = \dfrac{60}{50} - 0.08^2 \fallingdotseq 1.194$ となる.定理 1.3 (p.12) より,変換前の平均 $\bar{x}$,分散 s_x^2 は

$$\bar{x} = b\bar{u} + a = 5 \times (-0.08) + 22.5 = 22.1, \quad s_x^2 = b^2 s_u^2 = 5^2 \times 1.194 = 29.85$$

と計算できる.また,標準偏差は $s_x = \sqrt{s_x^2} \fallingdotseq 5.464$ となる.

4. 相関係数は -0.563 である.なお,合計降雪量,平均気温から,たとえば 90, 4.0 を引いて,定理 1.7 (p.25) を利用すると,計算が少し楽になる.

5. $f(t) = s_x^2 t^2 + 2s_{xy} t + s_y^2$ であるので,判別式は $D = 4(s_{xy})^2 - 4s_x^2 s_y^2$ となる. $D \leq 0$ より $(s_{xy})^2 \leq s_x^2 s_y^2$ が成り立つ.両辺を $s_x^2 s_y^2 (> 0)$ で割ると,$(r_{xy})^2 = \dfrac{(s_{xy})^2}{s_x^2 s_y^2} \leq 1$ を得る.よって,$-1 \leq r_{xy} \leq 1$ である.

第 2 章

問題 1 (p.32) (1) $\dfrac{1}{100}$ (2) $\dfrac{27}{100}$ (3) $\dfrac{18}{25}$ **問題 2** (p.37) (1) $\left(\dfrac{1}{3}\right)^5 = \dfrac{1}{243}$ (2) $\left(\dfrac{1}{3}\right)^5 + {}_5C_4 \left(\dfrac{1}{3}\right)^4 \left(\dfrac{2}{3}\right) = \dfrac{11}{243}$ (3) 2 問以上間違うという事象は,4 問以上正解するという事象の余事象であるから,$1 - \dfrac{11}{243} = \dfrac{232}{243}$ **問題 3** (p.40) C さんが当たる事象を C で表す.当りくじは 2 本しかないので $P(C) = P(\bar{A} \cap B \cap C) + P(A \cap \bar{B} \cap C) + P(\bar{A} \cap \bar{B} \cap C)$ となる.右辺第 1 項は $P(\bar{A} \cap B) P(C | \bar{A} \cap B) = \dfrac{3}{10} \times \dfrac{1}{3} = \dfrac{1}{10}$ である.同様に,第 2 項,第 3 項は $\dfrac{1}{10}, \dfrac{1}{5}$ となる.よって,$P(C) = \dfrac{2}{5}$ である. **問題 4** (p.42) (1) $\{4\}, \{5\}, \{5, 6\}, \{4, 5, 6\}$ など.(2) $\{1, 4\},$

$\{2,5\}$, $\{1,2,5,6\}$, $\{1,2,3,4,5,6\}$ など．（3）$\{1\}$, $\{3,4,5\}$, $\{1,2,5\}$, $\{1,2,3,5,6\}$ など． **問題 5**(p.45) $P(A|\bar{E}) = \dfrac{P(A)P(\bar{E}|A)}{P(A)P(\bar{E}|A) + P(\bar{A})P(\bar{E}|\bar{A})} = \dfrac{0.00003}{0.98409}$
$\fallingdotseq 3.049 \times 10^{-5}$

練習問題

1. 4月は30日あるので，5人全員が違う誕生日である確率は
$\dfrac{30 \times 29 \times 28 \times 27 \times 26}{30^5} \fallingdotseq 0.7037$ であるから，求める確率は $1 - 0.7037 = 0.2963$ である．

2. 6のゾロ目がでる確率は $\dfrac{1}{36}$ なので，24回投げて1回もゾロ目がでない確率は $\left(1 - \dfrac{1}{36}\right)^{24} \fallingdotseq 0.5086$ となる．したがって求める確率は $1 - 0.5086 = 0.4914$ である．

3. スペードは13枚，スペード以外で絵札は9枚あるので，求める確率は $\dfrac{22}{53}$ である．

4. ピーナッツが A 社のものである事象を A，国産である事象を E とする．ベイズの定理 (2.18) (p.43) より，$P(A|E) = \dfrac{P(A)P(E|A)}{P(A)P(E|A) + P(\bar{A})P(E|\bar{A})} = \dfrac{0.6 \times 0.15}{0.6 \times 0.15 + 0.4 \times 0.3} \fallingdotseq 0.4286$ となる．

5. 出会う学生が A 県，B 県，C 県，D 県出身である事象をそれぞれ A, B, C, D とし，出会う学生が女性である事象を E とする．ベイズの定理 (2.19) (p.44) より，
$P(A|E) = \dfrac{P(A)P(E|A)}{P(A)P(E|A) + P(B)P(E|B) + P(C)P(E|C) + P(D)P(E|D)}$
$= 0.32$ となる．

第 3 章

問題 1 (p.51) 確率関数は $P(X = x) = \begin{cases} (x-1)/36 & (x = 2, 3, \cdots, 7 \text{のとき}) \\ (13-x)/36 & (x = 8, 9, \cdots, 12 \text{のとき}) \\ 0 & (\text{その他の } x \text{ のとき}) \end{cases}$
分布関数，およびそれらのグラフは省略する． **問題 2** (p.54) $E[aX + b]$
$= \sum_{i=1}^{n}(ax_i + b)p(x_i) = a\sum_{i=1}^{n}x_i p(x_i) + b\sum_{i=1}^{n}p(x_i) = aE[X] + b$ **問題 3** (p.55)
$V[aX + b] = E[\{aX + b - E[aX + b]\}^2]$ である．$E[aX + b] = aE[X] + b$ より，$aX + b - E[aX + b] = a(X - E[X])$ となるので，$V[aX + b] = $

$E[a^2(X-E[X])^2] = a^2E[(X-E[X])^2] = a^2V[X]$ となる.

問題 4 (p.60)

y	0	1	2	計
$P(Y=y \mid X=2)$	0.25	0.5	0.25	1

問題 5 (p.61) X, Y は独立なので $P(X=x, Y=y) = P(X=x)P(Y=y)$. したがって,$E[XY] = \sum_{x=0}^{m}\sum_{y=0}^{n} xy P(X=x, Y=y) = \sum_{x=0}^{m} xP(X=x) \times \sum_{y=0}^{n} yP(Y=y) = E[X]E[Y]$ となる.

問題 6 (p.64) (3.21) (p.63) より,$V[X-Y] = V[X+(-Y)] = V[X] + V[-Y] = V[X] + (-1)^2 V[Y] = V[X] + V[Y]$ **問題 7** (p.65) $\mu_X = E[X] = \sum_{x=1}^{6} x\frac{1}{6} = \frac{7}{2}$, $\sigma_X^2 = E[X^2] - \{E[X]\}^2 = \sum_{x=1}^{6} x^2 \frac{1}{6} - \frac{49}{4} = \frac{91}{6} - \frac{49}{4} = \frac{35}{12}$ である. $Y = X^2$ より,$\mu_Y = E[Y] = E[X^2] = \frac{91}{6}$. また,$E[XY] = E[X^3] = \frac{441}{6}$,$E[Y^2] = E[X^4] = \frac{2275}{6}$ なので,$\sigma_Y^2 = E[Y^2] - \{E[Y]\}^2 = \frac{5369}{36}$,$Cov(X, Y) = E[XY] - E[X]E[Y] = \frac{245}{12}$,$\rho(X, Y) = \frac{Cov(X, Y)}{\sigma_X \sigma_Y} \fallingdotseq 0.9789$ となる.   **問題 8** (p.66) (略)   **問題 9** (p.70) 金色の玉をとる回数を X とする. $X \sim B(3, 0.1)$ より,$P(X=0) = (0.9)^3 = 0.729$ なので,$P(X \geq 1) = 1 - P(X=0) = 0.271$ **問題 10** (p.73) X を 1 日のメールの数とする. $X \sim Po(3)$ であるから, (3.37) (p.72) より $P(X \geq 5) = 1 - \sum_{x=0}^{4} P(X=x) = 1 - \sum_{x=0}^{4} \frac{3^x}{x!} e^{-3} \fallingdotseq 0.1847$

練習問題

1. 確率関数 $p(x)$ を表で表すと

x	3	4	5	6	7	8	9	計
$p(x)$	0.1	0.1	0.2	0.2	0.2	0.1	0.1	1

であるから,$E[X] = \sum_{x=3}^{9} xp(x) = 6$,$V[X] = \sum_{x=3}^{9} (x-6)^2 p(x) = 3$ となる. 他は省略する.

2. (1) $P(X \geq 2) = 0.45$ (2) $P(Y=2 \mid X=3) = \frac{P(Y=3, X=2)}{P(X=3)} = \frac{0.05}{0.15} = \frac{1}{3}$ (3) $P(X=0, Y=0) \neq P(X=0)P(Y=0)$ なので,独立ではない.

3. 1の目のでる回数 X は二項分布 $B\left(10, \dfrac{1}{6}\right)$ に従うから，$\mu = E[X] = 10 \times \dfrac{1}{6} = \dfrac{5}{3}$，$\sigma^2 = V[X] = 10 \times \dfrac{1}{6} \times \dfrac{5}{6} = \dfrac{25}{18}$

4. $P(X=0) = 0.1353$，$P(X=2) = 0.2707$，$P(X=4) = 0.0902$

5. （1）$E[aX + bY + c] = aE[X] + bE[Y] + c$　（2）$V[aX + bY + c] = a^2V[X] + b^2V[Y]$

第 4 章

問題 1 (p.79)　$1 = \displaystyle\int_{-\infty}^{\infty} f(x)\,dx = 2\int_0^1 ax\,dx = a$ より，$a = 1$．$x < -1$ のとき $F(x) = 0$，$-1 \leq x \leq 0$ のとき $F(x) = \displaystyle\int_{-\infty}^{x} f(y)\,dy = (1-x^2)/2$，$0 < x \leq 1$ のとき $F(x) = (1+x^2)/2$，$x > 1$ のとき $F(x) = 1$．　**問題 2** (p.81)　$\mu = \displaystyle\int_{-\infty}^{\infty} xf(x)\,dx = \int_0^{\infty} x^2 e^{-x}\,dx = 2$，$E[X^2] = \displaystyle\int_{-\infty}^{\infty} x^2 f(x)\,dx = \int_0^{\infty} x^3 e^{-x}\,dx = 3\int_0^{\infty} x^2 e^{-x}\,dx = 6$ より $\sigma^2 = V[X] = E[X^2] - \mu^2 = 2$　**問題 3** (p.83)　$P(40 < X < 80) = P(|X - 60| < 20) = 1 - P(|X - 60| \geq 20)$ であるが，$\mu = 60$，$\sigma = 10$，$a = 2$ としたときのチェビシェフの不等式より $P(|X - 60| \geq 20) \leq 0.25$ であるから，$P(40 < X < 80) \geq 1 - 0.25 = 0.75$，すなわち 75% 以上となる．　**問題 4** (p.86)　$E[X] = \dfrac{1}{6}$，$V[X] = \dfrac{5}{36n}$ であるから，$a = \dfrac{\varepsilon}{\sqrt{V[X]}}$ としてチェビシェフの不等式を用いれば $P\left(\left|X - \dfrac{1}{6}\right| \geq \varepsilon\right) \leq \dfrac{1}{a^2} = \dfrac{5}{36\varepsilon^2 n}$ を得る．　**問題 5** (p.87)　$E[X_i] = 1 \times p + 0 \times (1-p) = p$ となる．同様に，$E[X_i^2]$ を求めて，$V[X_i] = E[X_i^2] - \{E[X_i]\}^2 = p - p^2 = p(1-p)$，すなわち $\sigma = \sqrt{p(1-p)}$ となる．よって，2つの Z は一致する．　**問題 6** (p.89)　$\displaystyle\int_{-\infty}^{\infty} z^2 \dfrac{1}{\sqrt{2\pi}} e^{-\frac{z^2}{2}}\,dz = \int_{-\infty}^{\infty} (-z)\left(\dfrac{1}{\sqrt{2\pi}} e^{-\frac{z^2}{2}}\right)'\,dz = \left[-z\dfrac{1}{\sqrt{2\pi}} e^{-\frac{z^2}{2}}\right]_{-\infty}^{\infty} - \int_{-\infty}^{\infty} (-z)'\left(\dfrac{1}{\sqrt{2\pi}} e^{-\frac{z^2}{2}}\right)\,dz = \int_{-\infty}^{\infty} \dfrac{1}{\sqrt{2\pi}} e^{-\frac{z^2}{2}}\,dz = 1$　**問題 7** (p.91)　$\mu = 2$，$\sigma^2 = 4$，$a = -3$，$b = 2$ より，$a\mu + b = -4$，$a^2\sigma^2 = 36$ であるから，$Y \sim N(-4, 36)$ となる．

問題 8 (p. 92) （1）0.0542 （2）0.5929 問題 9 (p. 95) 63, 630 問題 10 (p. 96)
$P(|Z| > c) = P(Z < -c) + P(Z > c)$ である．また，標準正規分布は原点に関し
左右対称なので，$P(Z < -c) = P(Z > c)$ である．よって，$P(|Z| > c) = 2P(Z > c)$．
$P(|Z| > 1.96) = 0.05$ 問題 11 (p. 98) $x \geq 0$ のとき，$f_X(x) = \int_{-\infty}^{\infty} f(x, y)\, dy$
$= \int_{-\infty}^{0} 0\, dy + \int_{0}^{\infty} e^{-x-y}\, dy = e^{-x}$，$x < 0$ のとき，$f_X(x) = \int_{-\infty}^{\infty} f(x, y)\, dy = \int_{-\infty}^{\infty}$
$0\, dy = 0$ となる．同様に，$f_Y(y) = \begin{cases} e^{-y} & (y \geq 0 \text{ のとき}) \\ 0 & (y < 0 \text{ のとき}) \end{cases}$ である．よって，
$f(x, y) = f_X(x) f_Y(y)$ がすべての実数 x, y について成り立つ．すなわち，X, Y は
独立である．したがって，$\mathrm{Cov}(X, Y) = 0$ となるので，$\rho(X, Y) = 0$ である． 問
題 12 (p. 100) (4.35) より，$W_2 = X_1 + X_2 \sim N(0, 2\sigma^2)$ である．また，X_1, X_2, X_3
は独立なので，W_2, X_3 は独立である．再び (4.35) を用いると，$W_3 = W_2 + X_3 \sim$
$N(0, 3\sigma^2)$ がわかる．同様にして，$W_n = W_{n-1} + X_n \sim N(0, n\sigma^2)$ となる．

練習問題

1. $1 = \int_{-\infty}^{\infty} f(x)\, dx = \int_{-1}^{1} c(1 - x^2)\, dx = \dfrac{4c}{3}$ より，$c = \dfrac{3}{4}$．$x < -1$ のとき $F(x) = 0$，$|x| \leq 1$ のとき $F(x) = \int_{-\infty}^{x} f(y)\, dy = (2 + 3x - x^3)/4$，$x > 1$ のとき $F(x) = 1$．$\mu = \int_{-\infty}^{\infty} x f(x)\, dx = \int_{-1}^{1} x \dfrac{3}{4}(1 - x^2)\, dx = 0$．$\sigma^2 = E[X^2] - \mu^2 = E[X^2] = \int_{-\infty}^{\infty} x^2 f(x)\, dx = \dfrac{3}{4} \int_{-1}^{1} x^2 (1 - x^2)\, dx = \dfrac{1}{5}$

2. 体重を表す確率変数を X とすると，$P(X \geq 74$ または $X \leq 56) = P(|X - 65| \geq 9)$ である．この確率は，$\mu = 65$，$\sigma = 6$，$a = \dfrac{3}{2}$ としたときのチェビシェフの不等式より $\dfrac{1}{a^2} \fallingdotseq 0.4444$ 以下であるから，求める比率は 44.44% 以下となる．

3. まず，$a > 0$ の場合を考える．Y が α と β の間にある確率 $P(\alpha < Y \leq \beta)$ を p とおく．$Y = aX + b$ より，$p = P\left(\dfrac{\alpha - b}{a} < X \leq \dfrac{\beta - b}{a}\right)$ となる．この確率を $X \sim N(\mu, \sigma^2)$ の確率密度関数を用いて表すと，$p = \int_{(\alpha-b)/a}^{(\beta-b)/a} \dfrac{1}{\sqrt{2\pi}\, \sigma} e^{-\frac{(x-\mu)^2}{2\sigma^2}}\, dx$ となり，$y = ax + b$ と変数変換すると，$P(\alpha < Y \leq \beta) = p = \int_{\alpha}^{\beta} \dfrac{1}{\sqrt{2\pi}\, a\sigma} e^{-\frac{\{y - (a\mu + b)\}^2}{2a^2\sigma^2}}\, dy$ を得る．右辺の被積分関数は $N(a\mu + b, a^2\sigma^2)$ の確率密度関数な

ので，Y はこの分布に従う．

$a<0$ の場合も同様に確かめられる．なお，$a=0$ の場合は，$N(b,0)$ を確率 1 で値 b をとる分布，すなわち定数 b とみなすと，$Y=aX+b=b$ より，$Y\sim N(b,0)$ である．

4. 500 袋の内容量の平均が 82，標準偏差が 0.9 であるので，内容量を表す確率変数 X の分布は $N(82, 0.9^2)$ と考えられる．よって，$Z=\dfrac{X-82}{0.9}\sim N(0,1)$ から，$P(X\leq 80)\fallingdotseq P(Z\leq -2.22)=0.0132$ となる．$500\times 0.0132=6.6$ から，80 g 以下の袋は約 7 袋．

5. $Z=\dfrac{X-2}{6}\sim N(0,1)$ から，$P(|X-2|>6c)=P(|Z|>c)=0.01$ となる．よって，c は $z(0.005)=2.576$ である．

6. $p=P(a<X+Y\leq b)$ とおく．例題 4.14 (p.99) と同様に，確率 p を積分で表し，変数変換すると，$p=\dfrac{1}{2\pi\sigma^2}\int_a^b\left\{\int_{-\infty}^{\infty}e^{-\frac{(x-\mu_X)^2+(w-x)^2}{2\sigma^2}}dx\right\}dw$ となる．
$(x-\mu_X)^2+(w-x)^2=2\left\{x-\dfrac{w+\mu_X}{2}\right\}^2+\dfrac{1}{2}(w-\mu_X)^2$ なので，

$$p=\int_a^b\dfrac{1}{\sqrt{2\pi}\cdot(\sqrt{2}\,\sigma)}e^{-\frac{(w-\mu_X)^2}{2\cdot(2\sigma^2)}}\left\{\int_{-\infty}^{\infty}\dfrac{1}{\sqrt{2\pi}\cdot(\sigma/\sqrt{2})}e^{-\frac{\{x-(w-\mu_X)/2\}^2}{2\cdot(\sigma^2/2)}}dx\right\}dw$$

$$=\int_a^b\dfrac{1}{\sqrt{2\pi}\cdot(\sqrt{2}\,\sigma)}e^{-\frac{(w-\mu_X)^2}{2\cdot(2\sigma^2)}}dw$$

を得る．よって，$W=X+Y\sim N(\mu_X, 2\sigma^2)$ が示された．

第5章

問題 1 (p.104)　A 大学の学生の通学時間の全体．なお，A 大学の学生全員でもよい．
問題 2 (p.110)　（略）　**問題 3** (p.111)　例題 5.3(p.110) と同様にして，$P(X_2=2) = \frac{n_2}{N}$, $P(X_2=3) = \frac{n_3}{N}$　**問題 4** (p.112)　$P(X_2=1 \mid X_1=2) = \frac{n_1}{N-1}$ であり，分母分子を N で割ると，N は十分大きいので，$\frac{n_1}{N} = P(X_2=1)$ とほぼ等しい．　**問題 5** (p.113)　（略）　**問題 6** (p.116)　0.375　**問題 7** (p.117)　（1）$E[\bar{X}] = 40.8$, $V[\bar{X}] = 103.8$　（2）$E[\bar{X}] = 40.8$, $V[\bar{X}] = 17.3$　**問題 8** (p.118)　（略）　**問題 9** (p.120)　（1）0.8164　（2）$a = 2.95$　**問題 10** (p.125)　17.535, 6.571　**問題 11** (p.127)　$a = \chi^2_{14}(0.95) = 6.571$, $b = \chi^2_{14}(0.05) = 23.685$　**問題 12** (p.128)　2.179, 2.539　**問題 13** (p.131)　$b = t_{14}(0.05) = 1.761$　**問題 14** (p.132)　6.094, 2.381　**問題 15** (p.135)　$b = F_{7,9}(0.95) = \frac{1}{F_{9,7}(0.05)} \fallingdotseq 0.272$, $c = F_{7,9}(0.05) = 3.293$

練習問題

1．（1）二項分布 $B(320, 0.416)$　（2）$E[\widehat{P}] = 0.416$, $V[\widehat{P}] = 0.0007592$　（3）$\widehat{P}$ を標準化した $Z = \frac{\widehat{P} - 0.416}{\sqrt{0.0007592}}$ は近似的に $N(0,1)$ に従うので，$P(|\widehat{P} - p| < 0.04) \fallingdotseq P(|Z| < 1.45) \fallingdotseq 0.853$

2．(5.14)(p.123) より $W = \sum_{i=1}^{k} X_i^2 \sim \chi_k^2$ であるので，求める期待値は $E[W] = \sum_{i=1}^{k} E[X_i^2]$ となる．また，$X_i \sim N(0,1)$ より，$E[X_i^2] = V[X_i] = 1$ であるので，$E[W] = k$ となる．

3．（1）$P(|\bar{X} - \mu| < a\sqrt{S^2}) = P\left(\left|\frac{\bar{X} - \mu}{\sqrt{S^2/(10-1)}}\right| < 3a\right)$ より，$a = \frac{t_9(0.025)}{3} = 0.754$　（2）$P(S^2 < b\sigma^2) = P\left(\frac{10S^2}{\sigma^2} < 10b\right)$ より，$b = \frac{\chi_9^2(0.05)}{10} \fallingdotseq 1.692$

4．（1）$\frac{X}{\sqrt{Y/k}}$　（2）χ^2 分布の定義(p.123)から X^2 は自由度 1 の χ^2 分布に従う．（3）$T^2 = \frac{X^2/1}{Y/k}$, $X^2 \sim \chi_1^2$ より，$T^2 \sim F_{1,k}$

第6章

問題1 (p.143) （略）　　**問題2** (p.143) 平均2乗誤差は $E\left[(\bar{X}-\mu)^2\right] = \dfrac{\sigma^2}{n} = 0.018$　　**問題3** (p.146) 信頼度 95% の信頼区間は $21.10 < \mu < 25.10$，99% の信頼区間は $20.48 < \mu < 25.72$　　**問題4** (p.150) $H_0 : \mu = 172$ を $H_1 : \mu < 172$ に対し検定する．$z_0 \fallingdotseq -3.158$ は棄却域（$-z(0.01) = -2.326$ 以下）に入るので，H_0 を棄却する．よって，母平均は 172 より小さいと判断できる．　　**問題5** (p.152) $H_0 : \mu = 26.5$ を $H_1 : \mu \neq 26.5$ に対し検定する．$z_0 \fallingdotseq -1.476$ は棄却域（$|z_0| \geq z(0.005) = 2.576$）に入らないので，$H_0$ を棄却しない．したがって，母平均が 26.5 かどうかについての結論は出せない．　　**問題6** (p.153) 0.07346

練習問題

1. （1） 2632.5　（2） $2092.0 < \mu < 3173.0$
2. $\widehat{\Theta}_1$ は標本平均なので，定理 5.2 (p.116) から μ の不偏推定量であり，例題 6.3 (p.142) と同様にして平均2乗誤差は $\dfrac{\sigma^2}{n} = \dfrac{\sigma^2}{4}$ である．$E\left[\widehat{\Theta}_2\right] = \dfrac{1}{6}(2\mu - \mu + 3\mu + 2\mu) = \mu$ より $\widehat{\Theta}_2$ は不偏推定量であり，平均2乗誤差は $E\left[(\widehat{\Theta}_2 - \mu)^2\right] = V\left[\widehat{\Theta}_2\right] = \dfrac{1}{36}(4\sigma^2 + \sigma^2 + 9\sigma^2 + 4\sigma^2) = \dfrac{\sigma^2}{2}$ となる．
3. $H_0 : \mu = 80$ を $H_1 : \mu \neq 80$ に対して検定する．$z_0 \fallingdotseq 0.252$ は棄却域（$|z_0| \geq z(0.025) = 1.960$）に入らないので，$H_0$ を棄却しない．したがって，母平均が 80 かどうかについての結論は出せない．
4. $H_0 : \mu = 180$ を $H_1 : \mu < 180$ に対して検定する．$z_0 \fallingdotseq -2.449$ は棄却域（$z_0 \leq -z(0.01) = -1.645$）に入るので，$H_0$ を棄却する．よって，母平均は 180 より小さいと判断できる．

第7章

問題1 (p.158) $7.701 < \mu < 11.80$　　**問題2** (p.160) $t_0 = 1.092$ ($< t_{14}(0.025) = 2.145$) は棄却域に入らないので，$H_0 : \mu = 122$ を $H_1 : \mu \neq 122$ に対し棄却しない．よって，今年のトマトの重さの平均 μ は 122 と違うかどうかはわからない．　　**問題3** (p.

162) $a < \dfrac{nS^2}{\sigma^2} < b$ の辺々逆数をとると，$\dfrac{1}{b} < \dfrac{\sigma^2}{nS^2} < \dfrac{1}{a}$ となる．さらに，nS^2 をかけて，(7.7)を得る． **問題 4** (p.164)　$0.01735 < \sigma^2 < 0.09969$　**問題 5** (p.166)　$w_0 = 14.08\,(>\chi^2_{19}(0.05) = 10.117)$ は棄却域に入らないので，$H_0: \sigma^2 = 5$ を $H_1: \sigma^2 < 5$ に対し棄却しない．よって，σ^2 が 5 より小さいかどうかはわからない．**問題 6** (p.169)　（1）平均 2 乗誤差は $\dfrac{0.9(1-0.9)}{600} = 0.00015$ である．なお，これは $p = 0.1\,(= 1 - 0.9)$ のときの平均 2 乗誤差と等しい．（2）$\dfrac{1}{4n} \leq 0.0001$ より，$n \geq 2500$　**問題 7** (p.171)　$0.6678 < p < 0.8122$　**問題 8** (p.172)　$z_0^* = -2.041$ $(> -z(0.01) = -2.326)$ は棄却域に入らないので，$H_0: p = 0.2$ を $H_1: p < 0.2$ に対し棄却しない．よって，使用料が適当な金額であるかどうかはわからない．ただし，p は，使用料が高いと感じている住民の割合とする．

練習問題

1. （1）$t_0 = -3.464\,(> -t_4(0.01) = -3.747)$ は棄却域に入らないので，$H_0: \mu = 80$ を $H_1: \mu < 80$ に対し棄却しない．よって，μ は 80 より小さいかどうかはわからない．（2）$66.03 < \mu < 81.97$　（3）$w_0 = 6\,(< \chi^2_4(0.05) = 9.488)$ は棄却域に入らないので，$H_0: \sigma^2 = 10$ を $H_1: \sigma^2 > 10$ に対し棄却しない．よって，σ^2 は 10 より大きいかどうかはわからない．（4）$6.324 < \sigma^2 < 84.39$

2. （1）$z_0^* = 3.396\,(\geq z(0.025) = 1.960)$ は棄却域に入るので，$H_0: p = 0.4$ を $H_1: p \neq 0.4$ に対し棄却する．（2）$0.4508 < p < 0.5893$

3. 棄却域は $z_0^* \geq 1.645$ であり，$z_0^* = \dfrac{10}{0.5}\left(\dfrac{x}{100} - 0.5\right)$ なので，$x \geq 50 + 5 \times 1.645 = 58.225$ となればよい．x は整数なので，59 以上ならそう判断できる．

4. （1）長さ L は区間の右端から左端を引いて，$L = 2z\left(\dfrac{1-\gamma}{2}\right)\sqrt{\dfrac{\hat{p}(1-\hat{p})}{n}}$ であり，(7.15) (p.168) と同様にして，$L \leq z\left(\dfrac{1-\gamma}{2}\right)\dfrac{1}{\sqrt{n}}$ が成り立つ．（2）$z\left(\dfrac{1-\gamma}{2}\right) = z(0.025) = 1.960$ なので，（1）より $1.960 \times \dfrac{1}{\sqrt{n}} \leq 0.04$ となればよい．これを n について解くと，$n \geq \left(\dfrac{1.960}{0.04}\right)^2 = 2401$ となるので，n を 2401 以上にするとよい．

5. （1）$R = \dfrac{\chi^2_{n-1}\!\left(\dfrac{1-\gamma}{2}\right)}{\chi^2_{n-1}\!\left(\dfrac{1+\gamma}{2}\right)}$　（2）$r_{10} = 4.646, r_{15} = 3.443, r_{20} = 2.895, r_{30} = 2.367$

図は略.（3）（1）より, $R = \dfrac{\chi_{n-1}^2(0.05)}{\chi_{n-1}^2(0.95)} = r_{n-1}$ であり, r_{18}, r_{19} の値を求めると $r_{18} = 3.074, r_{19} = 2.979$ となるので, $n-1 \geq 19$ になればよい. よって, n は 20 以上にするとよい.

第8章

問題 1 (p.179) $z_0 = 2.414\ (> z(0.01) = 2.326)$ は棄却域に入るので, H_0 を H_1 に対し棄却する. よって, オレンジジュースのほうがビタミンCを多く含むと判断できる. **問題 2** (p.182) $t_0 = 1.185\ (< t_{23}(0.025) = 2.069)$ は棄却域に入らないので, $H_0: \mu_A = \mu_B$ を $H_1: \mu_A \neq \mu_B$ に対し棄却しない. よって, 地域AとBで高3男子の平均身長 μ_A と μ_B に違いがあるかどうかはわからない. **問題 3** (p.184) $z_0 = -3.246\ (< -z(0.005) = -2.576)$ は棄却域に入るので, $H_0: \mu_1 = \mu_2$ を $H_1: \mu_1 \neq \mu_2$ に対し棄却する. よって, 南地区, 北地区に自宅から通う学生の通学時間の平均 μ_1 と μ_2 に違いがあると判断できる. **問題 4** (p.187) $f_0 = 0.3551$ $\left(< F_{14, 9}(0.95) = \dfrac{1}{F_{9, 14}(0.05)} = 0.3779\right)$ は棄却域に入るので, $H_0: \sigma_1^2 = \sigma_2^2$ を $H_1: \sigma_1^2 \neq \sigma_2^2$ に対し棄却する. よって, 方法1と方法2の分散は異なると判断できる. **問題 5** (p.188) $\sum_{i=1}^{k} e_i = n$ は $\sum_{i=1}^{k} q_i = 1$ より, $\sum_{i=1}^{k} (Y_i - e_i) = 0$ は $\sum_{i=1}^{k} Y_i = n$ より確かめられる. **問題 6** (p.190) $w_0 = 1.097\ (< \chi_3^2(0.05) = 7.815)$ は棄却域に入らないで, H_0: "血液型の割合が $4:3:2:1$" を棄却しない. w_0 の値が小さいことも考慮に入れると, 血液型の割合は $4:3:2:1$ であると思われる. **問題 7** (p.193) $w_0 = 1.649\ (< \chi_2^2(0.05) = 5.991)$ は棄却域に入らないで, H_0: "X の分布は二項分布" を棄却しない. w_0 の値が小さいことも考慮に入れると, X の分布は二項分布と思われる. **問題 8** (p.195) $kl - 1 - \{(k-1) + (l-1)\} = kl - k - l + 1 = (k-1)(l-1)$ **問題 9** (p.196) 期待度数は下の表のようになるので, $w_0 = 5.452$ となる. これは棄却域 $w_0 \geq \chi_1^2(0.05) = 3.841$ に入る. よって, オーナーの予想は正しいと判断できる. **問題 10** (p.198) $t_0 = 5.306\ (> t_{18}(0.005) = 2.878)$ は棄却域に入る. よって, 右手と左手の握力には相関があると判断してよい.

	注文あり	注文なし	計
1人	16	26	42
2人以上	32	52	84
計	48	78	126

練習問題

1. （1）Aさん，Bさんの記録の標本平均の実現値は $\bar{x} = 12.18, \bar{y} = 11.78$，標本分散の実現値は $s_x^2 = 0.0456, s_y^2 = 0.0536$ である．これらの値から，$t_0 = 2.54$ となる．$t_0 > t_8(0.025) = 2.306$ より，t_0 は棄却域に入る．よって，2人の記録には，平均的に違いがあると判断できる．（2）$f_0 = 0.8507 (> F_{4,4}(0.95) = \dfrac{1}{F_{4,4}(0.05)} \fallingdotseq 0.1565)$ は棄却域に入らない．よって，H_0 を棄却しない．

2. $F_0 = \dfrac{mS_X^2}{m-1} \Big/ \dfrac{nS_Y^2}{n-1} = \dfrac{(n-1)mS_X^2}{(m-1)nS_Y^2}$

3. （1）$Y_1 \sim B(n, q_1), E\left[\widehat{P}\right] = q_1, V\left[\widehat{P}\right] = \dfrac{q_1(1-q_1)}{n}$ （2）$Z = \dfrac{\sqrt{n}}{\sqrt{q_1(1-q_1)}}(\widehat{P} - q_1)$ （3）$Z \overset{\cdot}{\sim} N(0,1), Z^2 \overset{\cdot}{\sim} \chi_1^2$ （4）$Y_2 = n - Y_1, e_2 = n - e_1$ より，$W = \dfrac{(Y_1 - e_1)^2}{e_1} + \dfrac{(e_1 - Y_1)^2}{n - e_1} = \dfrac{(Y_1 - nq_1)^2}{nq_1(1-q_1)} = \dfrac{n(\widehat{P} - q_1)^2}{q_1(1-q_1)} = Z^2$ である．また，n が十分大きいとき，$W \overset{\cdot}{\sim} \chi_1^2$

4. 期待度数は $e_{ij} = \dfrac{Y_{i\bullet} Y_{\bullet j}}{n}$ であり（$i = 1, 2, j = 1, 2, 3$），その行和は

$$e_{i1} + e_{i2} + e_{i3} = \dfrac{Y_{i\bullet} Y_{\bullet 1}}{n} + \dfrac{Y_{i\bullet} Y_{\bullet 2}}{n} + \dfrac{Y_{i\bullet} Y_{\bullet 3}}{n} = Y_{i\bullet} \times \dfrac{Y_{\bullet 1} + Y_{\bullet 2} + Y_{\bullet 3}}{n} = Y_{i\bullet}$$

となる．列和についても同様に，対応する観測度数の列和と等しいことが確かめられる．

第 9 章

問題 1（p.203）（略） **問題 2**（p.206）（略） **問題 3**（p.209） $\widehat{\alpha} = 1260, \widehat{\beta} = -2.6$
問題 4（p.210）（略） **問題 5**（p.210） 散布図は略，推定された回帰直線は，たとえば2点 P(250, 610), Q(300, 480) を通るように描くとよい．

練習問題

1. $\widehat{\alpha} = -6.112, \widehat{\beta} = 1.794$

2. （1）$e_k = Y_k - 1 - \widehat{\beta} x_k$ （2）$SS_e = \displaystyle\sum_{k=1}^{n} e_k^2 = \sum_{k=1}^{n} \{(Y_k - 1) - \widehat{\beta} x_k\}^2 = \widehat{\beta}^2 \sum_{k=1}^{n} x_k^2 - 2\widehat{\beta} \sum_{k=1}^{n} x_k(Y_k - 1) + \sum_{k=1}^{n} (Y_k - 1)^2$ （3）正規方程式は $\widehat{\beta} \displaystyle\sum_{k=1}^{n} x_k^2 = \sum_{k=1}^{n} x_k(Y_k -$

1), その解は $\hat{\beta} = \sum_{k=1}^{n} x_k(Y_k - 1) \Big/ \sum_{k=1}^{n} x_k^2$

3. （1）略 （2）$(\hat{a} - \overline{Y} + \hat{\beta}\overline{x})$ が k によらず一定であることと，偏差 $x_k - \overline{x}$ または $Y_k - \overline{Y}$ の和が 0 であること（定理 1.1(p.6)参照）により，確かめられる．（3）（1），（2）で確かめた等式を用いて $\dfrac{1}{n}SS_e$ を計算するとよい．（4）$\hat{\beta}^2 s_x^2 - 2\hat{\beta} s_{xY}$
$= s_x^2 \left(\hat{\beta} - \dfrac{s_{xY}}{s_x^2} \right)^2 - \dfrac{(s_{xY})^2}{s_x^2}$ である．これを（3）で確かめた等式に代入するとよい．

付表1 標準正規分布表

標準正規分布 $N(0, 1)$ に従う
確率変数 Z についての
確率 $P(0 < Z \leq z)$ の表

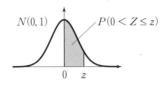

z	.00	.01	.02	.03	.04	.05	.06	.07	.08	.09
0.0	0.0000	0.0040	0.0080	0.0120	0.0160	0.0199	0.0239	0.0279	0.0319	0.0359
0.1	0.0398	0.0438	0.0478	0.0517	0.0557	0.0596	0.0636	0.0675	0.0714	0.0753
0.2	0.0793	0.0832	0.0871	0.0910	0.0948	0.0987	0.1026	0.1064	0.1103	0.1141
0.3	0.1179	0.1217	0.1255	0.1293	0.1331	0.1368	0.1406	0.1443	0.1480	0.1517
0.4	0.1554	0.1591	0.1628	0.1664	0.1700	0.1736	0.1772	0.1808	0.1844	0.1879
0.5	0.1915	0.1950	0.1985	0.2019	0.2054	0.2088	0.2123	0.2157	0.2190	0.2224
0.6	0.2257	0.2291	0.2324	0.2357	0.2389	0.2422	0.2454	0.2486	0.2517	0.2549
0.7	0.2580	0.2611	0.2642	0.2673	0.2704	0.2734	0.2764	0.2794	0.2823	0.2852
0.8	0.2881	0.2910	0.2939	0.2967	0.2995	0.3023	0.3051	0.3078	0.3106	0.3133
0.9	0.3159	0.3186	0.3212	0.3238	0.3264	0.3289	0.3315	0.3340	0.3365	0.3389
1.0	0.3413	0.3438	0.3461	0.3485	0.3508	0.3531	0.3554	0.3577	0.3599	0.3621
1.1	0.3643	0.3665	0.3686	0.3708	0.3729	0.3749	0.3770	0.3790	0.3810	0.3830
1.2	0.3849	0.3869	0.3888	0.3907	0.3925	0.3944	0.3962	0.3980	0.3997	0.4015
1.3	0.4032	0.4049	0.4066	0.4082	0.4099	0.4115	0.4131	0.4147	0.4162	0.4177
1.4	0.4192	0.4207	0.4222	0.4236	0.4251	0.4265	0.4279	0.4292	0.4306	0.4319
1.5	0.4332	0.4345	0.4357	0.4370	0.4382	0.4394	0.4406	0.4418	0.4429	0.4441
1.6	0.4452	0.4463	0.4474	0.4484	0.4495	0.4505	0.4515	0.4525	0.4535	0.4545
1.7	0.4554	0.4564	0.4573	0.4582	0.4591	0.4599	0.4608	0.4616	0.4625	0.4633
1.8	0.4641	0.4649	0.4656	0.4664	0.4671	0.4678	0.4686	0.4693	0.4699	0.4706
1.9	0.4713	0.4719	0.4726	0.4732	0.4738	0.4744	0.4750	0.4756	0.4761	0.4767
2.0	0.4772	0.4778	0.4783	0.4788	0.4793	0.4798	0.4803	0.4808	0.4812	0.4817
2.1	0.4821	0.4826	0.4830	0.4834	0.4838	0.4842	0.4846	0.4850	0.4854	0.4857
2.2	0.4861	0.4864	0.4868	0.4871	0.4875	0.4878	0.4881	0.4884	0.4887	0.4890
2.3	0.4893	0.4896	0.4898	0.4901	0.4904	0.4906	0.4909	0.4911	0.4913	0.4916
2.4	0.4918	0.4920	0.4922	0.4925	0.4927	0.4929	0.4931	0.4932	0.4934	0.4936
2.5	0.4938	0.4940	0.4941	0.4943	0.4945	0.4946	0.4948	0.4949	0.4951	0.4952
2.6	0.4953	0.4955	0.4956	0.4957	0.4959	0.4960	0.4961	0.4962	0.4963	0.4964
2.7	0.4965	0.4966	0.4967	0.4968	0.4969	0.4970	0.4971	0.4972	0.4973	0.4974
2.8	0.4974	0.4975	0.4976	0.4977	0.4977	0.4978	0.4979	0.4979	0.4980	0.4981
2.9	0.4981	0.4982	0.4982	0.4983	0.4984	0.4984	0.4985	0.4985	0.4986	0.4986
3.0	0.4987	0.4987	0.4987	0.4988	0.4988	0.4989	0.4989	0.4989	0.4990	0.4990

標準正規分布 $N(0, 1)$ の上側 $100\alpha\%$ 点 $z(\alpha)$ の表

α	0.1	0.05	0.025	0.01	0.005
$z(\alpha)$	1.282	1.645	1.960	2.326	2.576

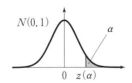

付表2 t 分布表

自由度 k の t 分布 t_k の
上側 100α % 点 ($t_k(\alpha)$) の表

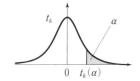

k \ α	0.4	0.3	0.25	0.2	0.15	0.1	0.05	0.025	0.01	0.005
1	0.325	0.727	1.000	1.376	1.963	3.078	6.314	12.706	31.821	63.657
2	0.289	0.617	0.816	1.061	1.386	1.886	2.920	4.303	6.965	9.925
3	0.277	0.584	0.765	0.978	1.250	1.638	2.353	3.182	4.541	5.841
4	0.271	0.569	0.741	0.941	1.190	1.533	2.132	2.776	3.747	4.604
5	0.267	0.559	0.727	0.920	1.156	1.476	2.015	2.571	3.365	4.032
6	0.265	0.553	0.718	0.906	1.134	1.440	1.943	2.447	3.143	3.707
7	0.263	0.549	0.711	0.896	1.119	1.415	1.895	2.365	2.998	3.499
8	0.262	0.546	0.706	0.889	1.108	1.397	1.860	2.306	2.896	3.355
9	0.261	0.543	0.703	0.883	1.100	1.383	1.833	2.262	2.821	3.250
10	0.260	0.542	0.700	0.879	1.093	1.372	1.812	2.228	2.764	3.169
11	0.260	0.540	0.697	0.876	1.088	1.363	1.796	2.201	2.718	3.106
12	0.259	0.539	0.695	0.873	1.083	1.356	1.782	2.179	2.681	3.055
13	0.259	0.538	0.694	0.870	1.079	1.350	1.771	2.160	2.650	3.012
14	0.258	0.537	0.692	0.868	1.076	1.345	1.761	2.145	2.624	2.977
15	0.258	0.536	0.691	0.866	1.074	1.341	1.753	2.131	2.602	2.947
16	0.258	0.535	0.690	0.865	1.071	1.337	1.746	2.120	2.583	2.921
17	0.257	0.534	0.689	0.863	1.069	1.333	1.740	2.110	2.567	2.898
18	0.257	0.534	0.688	0.862	1.067	1.330	1.734	2.101	2.552	2.878
19	0.257	0.533	0.688	0.861	1.066	1.328	1.729	2.093	2.539	2.861
20	0.257	0.533	0.687	0.860	1.064	1.325	1.725	2.086	2.528	2.845
21	0.257	0.532	0.686	0.859	1.063	1.323	1.721	2.080	2.518	2.831
22	0.256	0.532	0.686	0.858	1.061	1.321	1.717	2.074	2.508	2.819
23	0.256	0.532	0.685	0.858	1.060	1.319	1.714	2.069	2.500	2.807
24	0.256	0.531	0.685	0.857	1.059	1.318	1.711	2.064	2.492	2.797
25	0.256	0.531	0.684	0.856	1.058	1.316	1.708	2.060	2.485	2.787
26	0.256	0.531	0.684	0.856	1.058	1.315	1.706	2.056	2.479	2.779
27	0.256	0.531	0.684	0.855	1.057	1.314	1.703	2.052	2.473	2.771
28	0.256	0.530	0.683	0.855	1.056	1.313	1.701	2.048	2.467	2.763
29	0.256	0.530	0.683	0.854	1.055	1.311	1.699	2.045	2.462	2.756
30	0.256	0.530	0.683	0.854	1.055	1.310	1.697	2.042	2.457	2.750
40	0.255	0.529	0.681	0.851	1.050	1.303	1.684	2.021	2.423	2.704
50	0.255	0.528	0.679	0.849	1.047	1.299	1.676	2.009	2.403	2.678
100	0.254	0.526	0.677	0.845	1.042	1.290	1.660	1.984	2.364	2.626
∞	0.253	0.524	0.674	0.842	1.036	1.282	1.645	1.960	2.326	2.576

付表3 χ^2 分布表

自由度 k の χ^2 分布 χ_k^2 の
上側 100α % 点 $(\chi_k^2(\alpha))$ の表

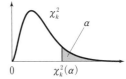

k \ α	0.995	0.99	0.975	0.95	0.9	0.1	0.05	0.025	0.01	0.005
1	(別表)	(別表)	(別表)	(別表)	0.0158	2.706	3.841	5.024	6.635	7.879
2	0.0100	0.0201	0.051	0.103	0.211	4.605	5.991	7.378	9.210	10.597
3	0.072	0.115	0.216	0.352	0.584	6.251	7.815	9.348	11.345	12.838
4	0.207	0.297	0.484	0.711	1.064	7.779	9.488	11.143	13.277	14.860
5	0.412	0.554	0.831	1.145	1.610	9.236	11.070	12.833	15.086	16.750
6	0.676	0.872	1.237	1.635	2.204	10.645	12.592	14.449	16.812	18.548
7	0.989	1.239	1.690	2.167	2.833	12.017	14.067	16.013	18.475	20.278
8	1.344	1.646	2.180	2.733	3.490	13.362	15.507	17.535	20.090	21.955
9	1.735	2.088	2.700	3.325	4.168	14.684	16.919	19.023	21.666	23.589
10	2.156	2.558	3.247	3.940	4.865	15.987	18.307	20.483	23.209	25.188
11	2.603	3.053	3.816	4.575	5.578	17.275	19.675	21.920	24.725	26.757
12	3.074	3.571	4.404	5.226	6.304	18.549	21.026	23.337	26.217	28.300
13	3.565	4.107	5.009	5.892	7.042	19.812	22.362	24.736	27.688	29.819
14	4.075	4.660	5.629	6.571	7.790	21.064	23.685	26.119	29.141	31.319
15	4.601	5.229	6.262	7.261	8.547	22.307	24.996	27.488	30.578	32.801
16	5.142	5.812	6.908	7.962	9.312	23.542	26.296	28.845	32.000	34.267
17	5.697	6.408	7.564	8.672	10.085	24.769	27.587	30.191	33.409	35.718
18	6.265	7.015	8.231	9.390	10.865	25.989	28.869	31.526	34.805	37.156
19	6.844	7.633	8.907	10.117	11.651	27.204	30.144	32.852	36.191	38.582
20	7.434	8.260	9.591	10.851	12.443	28.412	31.410	34.170	37.566	39.997
21	8.034	8.897	10.283	11.591	13.240	29.615	32.671	35.479	38.932	41.401
22	8.643	9.542	10.982	12.338	14.041	30.813	33.924	36.781	40.289	42.796
23	9.260	10.196	11.689	13.091	14.848	32.007	35.172	38.076	41.638	44.181
24	9.886	10.856	12.401	13.848	15.659	33.196	36.415	39.364	42.980	45.559
25	10.520	11.524	13.120	14.611	16.473	34.382	37.652	40.646	44.314	46.928
26	11.160	12.198	13.844	15.379	17.292	35.563	38.885	41.923	45.642	48.290
27	11.808	12.879	14.573	16.151	18.114	36.741	40.113	43.195	46.963	49.645
28	12.461	13.565	15.308	16.928	18.939	37.916	41.337	44.461	48.278	50.993
29	13.121	14.256	16.047	17.708	19.768	39.087	42.557	45.722	49.588	52.336
30	13.787	14.953	16.791	18.493	20.599	40.256	43.773	46.979	50.892	53.672
40	20.707	22.164	24.433	26.509	29.051	51.805	55.758	59.342	63.691	66.766
50	27.991	29.707	32.357	34.764	37.689	63.167	67.505	71.420	76.154	79.490
100	67.328	70.065	74.222	77.929	82.358	118.498	124.342	129.561	135.807	140.169

自由度1の χ^2 分布 χ_1^2 の上側 100α % 点 $(\chi_1^2(\alpha))$ の表

α	0.995	0.99	0.975	0.95
$\chi_1^2(\alpha)$	0.000039	0.000157	0.000982	0.00393

付表 4　F 分布表 (1)

自由度 (k_1, k_2) の F 分布 F_{k_1, k_2} の
上側 5% 点 $(F_{k_1, k_2}(0.05))$ の表

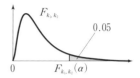

k_2\\k_1	1	2	3	4	5	6	7	8	9	10
1	161.45	199.50	215.71	224.58	230.16	233.99	236.77	238.88	240.54	241.88
2	18.513	19.000	19.164	19.247	19.296	19.330	19.353	19.371	19.385	19.396
3	10.128	9.552	9.277	9.117	9.013	8.941	8.887	8.845	8.812	8.786
4	7.709	6.944	6.591	6.388	6.256	6.163	6.094	6.041	5.999	5.964
5	6.608	5.786	5.409	5.192	5.050	4.950	4.876	4.818	4.772	4.735
6	5.987	5.143	4.757	4.534	4.387	4.284	4.207	4.147	4.099	4.060
7	5.591	4.737	4.347	4.120	3.972	3.866	3.787	3.726	3.677	3.637
8	5.318	4.459	4.066	3.838	3.687	3.581	3.500	3.438	3.388	3.347
9	5.117	4.256	3.863	3.633	3.482	3.374	3.293	3.230	3.179	3.137
10	4.965	4.103	3.708	3.478	3.326	3.217	3.135	3.072	3.020	2.978
11	4.844	3.982	3.587	3.357	3.204	3.095	3.012	2.948	2.896	2.854
12	4.747	3.885	3.490	3.259	3.106	2.996	2.913	2.849	2.796	2.753
13	4.667	3.806	3.411	3.179	3.025	2.915	2.832	2.767	2.714	2.671
14	4.600	3.739	3.344	3.112	2.958	2.848	2.764	2.699	2.646	2.602
15	4.543	3.682	3.287	3.056	2.901	2.790	2.707	2.641	2.588	2.544
16	4.494	3.634	3.239	3.007	2.852	2.741	2.657	2.591	2.538	2.494
17	4.451	3.592	3.197	2.965	2.810	2.699	2.614	2.548	2.494	2.450
18	4.414	3.555	3.160	2.928	2.773	2.661	2.577	2.510	2.456	2.412
19	4.381	3.522	3.127	2.895	2.740	2.628	2.544	2.477	2.423	2.378
20	4.351	3.493	3.098	2.866	2.711	2.599	2.514	2.447	2.393	2.348
21	4.325	3.467	3.072	2.840	2.685	2.573	2.488	2.420	2.366	2.321
22	4.301	3.443	3.049	2.817	2.661	2.549	2.464	2.397	2.342	2.297
23	4.279	3.422	3.028	2.796	2.640	2.528	2.442	2.375	2.320	2.275
24	4.260	3.403	3.009	2.776	2.621	2.508	2.423	2.355	2.300	2.255
25	4.242	3.385	2.991	2.759	2.603	2.490	2.405	2.337	2.282	2.236
26	4.225	3.369	2.975	2.743	2.587	2.474	2.388	2.321	2.265	2.220
27	4.210	3.354	2.960	2.728	2.572	2.459	2.373	2.305	2.250	2.204
28	4.196	3.340	2.947	2.714	2.558	2.445	2.359	2.291	2.236	2.190
29	4.183	3.328	2.934	2.701	2.545	2.432	2.346	2.278	2.223	2.177
30	4.171	3.316	2.922	2.690	2.534	2.421	2.334	2.266	2.211	2.165
40	4.085	3.232	2.839	2.606	2.449	2.336	2.249	2.180	2.124	2.077
50	4.034	3.183	2.790	2.557	2.400	2.286	2.199	2.130	2.073	2.026
100	3.936	3.087	2.696	2.463	2.305	2.191	2.103	2.032	1.975	1.927

付表 5　F 分布表(2)

自由度 (k_1, k_2) の F 分布 F_{k_1, k_2} の
上側 5% 点 ($F_{k_1, k_2}(0.05)$) の表

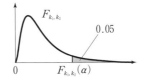

k_2＼k_1	11	12	13	14	15	20	24	30	50	100
1	242.98	243.91	244.69	245.36	245.95	248.01	249.05	250.10	251.77	253.04
2	19.405	19.413	19.419	19.424	19.429	19.446	19.454	19.462	19.476	19.486
3	8.763	8.745	8.729	8.715	8.703	8.660	8.639	8.617	8.581	8.554
4	5.936	5.912	5.891	5.873	5.858	5.803	5.774	5.746	5.699	5.664
5	4.704	4.678	4.655	4.636	4.619	4.558	4.527	4.496	4.444	4.405
6	4.027	4.000	3.976	3.956	3.938	3.874	3.841	3.808	3.754	3.712
7	3.603	3.575	3.550	3.529	3.511	3.445	3.410	3.376	3.319	3.275
8	3.313	3.284	3.259	3.237	3.218	3.150	3.115	3.079	3.020	2.975
9	3.102	3.073	3.048	3.025	3.006	2.936	2.900	2.864	2.803	2.756
10	2.943	2.913	2.887	2.865	2.845	2.774	2.737	2.700	2.637	2.588
11	2.818	2.788	2.761	2.739	2.719	2.646	2.609	2.570	2.507	2.457
12	2.717	2.687	2.660	2.637	2.617	2.544	2.505	2.466	2.401	2.350
13	2.635	2.604	2.577	2.554	2.533	2.459	2.420	2.380	2.314	2.261
14	2.565	2.534	2.507	2.484	2.463	2.388	2.349	2.308	2.241	2.187
15	2.507	2.475	2.448	2.424	2.403	2.328	2.288	2.247	2.178	2.123
16	2.456	2.425	2.397	2.373	2.352	2.276	2.235	2.194	2.124	2.068
17	2.413	2.381	2.353	2.329	2.308	2.230	2.190	2.148	2.077	2.020
18	2.374	2.342	2.314	2.290	2.269	2.191	2.150	2.107	2.035	1.978
19	2.340	2.308	2.280	2.256	2.234	2.155	2.114	2.071	1.999	1.940
20	2.310	2.278	2.250	2.225	2.203	2.124	2.082	2.039	1.966	1.907
21	2.283	2.250	2.222	2.197	2.176	2.096	2.054	2.010	1.936	1.876
22	2.259	2.226	2.198	2.173	2.151	2.071	2.028	1.984	1.909	1.849
23	2.236	2.204	2.175	2.150	2.128	2.048	2.005	1.961	1.885	1.823
24	2.216	2.183	2.155	2.130	2.108	2.027	1.984	1.939	1.863	1.800
25	2.198	2.165	2.136	2.111	2.089	2.007	1.964	1.919	1.842	1.779
26	2.181	2.148	2.119	2.094	2.072	1.990	1.946	1.901	1.823	1.760
27	2.166	2.132	2.103	2.078	2.056	1.974	1.930	1.884	1.806	1.742
28	2.151	2.118	2.089	2.064	2.041	1.959	1.915	1.869	1.790	1.725
29	2.138	2.104	2.075	2.050	2.027	1.945	1.901	1.854	1.775	1.710
30	2.126	2.092	2.063	2.037	2.015	1.932	1.887	1.841	1.761	1.695
40	2.038	2.003	1.974	1.948	1.924	1.839	1.793	1.744	1.660	1.589
50	1.986	1.952	1.921	1.895	1.871	1.784	1.737	1.687	1.599	1.525
100	1.886	1.850	1.819	1.792	1.768	1.676	1.627	1.573	1.477	1.392

索　引

記号・欧字

0-1母集団　104
$A \cap B$　30
$A \cup B$　30
$\bar{A}$　30
$B(n, p)$　66
$Cov(X, Y)$　62,98
$E[g(X)]$　53,80
$E[X]$　52,79
F分布　131
　——の上側$100\alpha\%$点　131
F分布表　230,231
F_{k_1,k_2}　131
$F_{k_1,k_2}(\alpha)$　132
i.i.d.　113
$N(\mu, \sigma^2)$　90,106
p値　152
$P(A)$　31,33
$P(B|A)$　38
$Po(\mu)$　72
r_{xy}　22
s^2　114
S^2　114
t分布　127
　——の上側$100\alpha\%$点　127
t分布表　228
t_k　127
$t_k(\alpha)$　128
$V[X]$　54,80
$\bar{x}$　5,17,114
$\bar{X}$　114
$z(\alpha)$　95
μ　52,79
ϕ　30
$\rho(X, Y)$　64,98
σ^2　54,80
χ^2分布　123
　——の上側$100\alpha\%$点　124
χ^2分布表　229
χ_k^2　123
$\chi_k^2(\alpha)$　124
$\sim$　66
$\stackrel{\sim}{}$　169
i.i.d.　113

ア　行

一様分布　78
一致推定量　143
一致性　143
上側$100\alpha\%$点　95
　F分布の——　131
　t分布の——　127
　標準正規分布の——　95
　χ^2分布の——　124
上側パーセント点　95

カ　行

回帰直線　203
回帰母数　203
回帰モデル　203
階級　2
階級値　2
ガウス分布　88
確率　30
　——の公理　33
確率関数　49
確率分布　48
確率分布表　48
確率変数　48
確率密度　49,76
確率密度関数　49,76
仮説　148
片側検定　150
偏り　141
加法公式　34
観測値　110,114

索　引

観測度数　188
ガンマ関数　137
棄却　147
棄却域　149
危険率　147
期待値　52, 60, 70, 79, 80, 98
期待度数　188
帰無仮説　148
共分散　18, 62, 98
共分散公式　18, 62, 207
空事象　30
区間推定　140, 143
経験的確率　32
検定　146
検定統計量　115
誤差分布　88
古典的確率　31
根元事象　30

サ　行

最小2乗推定量　206, 207
最小2乗法　206
再生性　99
最頻値　27
残差　205
残差平方和　206
散布図　19, 202
サンプル　108
サンプルサイズ　108
事後確率　44
事象　30

―― の独立　40
指数分布　80
事前確率　44
実現値　48, 108, 110, 114
自由度　123, 191
周辺確率密度　97
周辺分布　57
条件付き確率　38, 59
乗法公式　39
信頼区間　143
信頼度　143
推定　114, 140
推定量　115
正規分布　90
　　―― の再生性　99
正規方程式　206
正規母集団　106
正の相関　20
積事象　30
説明変数　203
全確率の法則　44
全事象　30
相関　19
　　正の ――　20
　　負の ――　20
相関がない　65
　　ほとんど ――　20
相関係数　22, 64, 98
相関図　19
粗データ　4

タ　行

大数の法則　84, 143
対立仮説　148
多次元確率分布　96
チェビシェフの不等式　83
中央値　27
抽出する　108
中心極限定理　87, 169, 184
適合度検定　189
点推定　140
統計的推定　140
統計量　113, 115
同時確率分布　56
同時確率分布表　56
同時確率密度関数　96
同時分布　56
独立　40, 58
度数　2
度数多角形　3
度数分布表　2
とり出す　108

ナ　行

生データ　4
二項定理　68
二項分布　66
二項母集団　104

ハ　行

排反　30
パラメータ　107

索　引

ヒストグラム　3
左片側対立仮説　150
標準化　14, 82, 90, 94, 118
標準正規分布　86
　――の上側 100α% 点　95
標準正規分布表　227
標準偏差　7, 54
標本　108
　――の大きさ　108
標本空間　30
標本調査　108
標本比率　115
標本分散　113, 114
標本平均　113, 114
復元抽出　70
負の相関　20
不偏推定量　141
不偏性　141
不偏標本分散　122
不偏分散　122

分割表　194
分散　6, 17, 54, 60, 70, 80
分散公式　10, 17, 55, 207
分布　48, 109
分布関数　50, 77, 96
平均　5, 17
平均2乗誤差　142
ベイズの定理　44
偏差　5
偏差値　95
ポアソン分布　72
母集団　104
母集団分布　105
母数　107
母比率　107
母分散　107
母分布　105
母平均　107

マ　行

右片側対立仮説　150

無相関　65
メディアン　27
メレの問題　45
目的変数　203
モード　27
モーメント　53, 80

ヤ　行

有意水準　147
余事象　30
予測量　205

ラ　行

離散型確率変数　48
両側検定　151
両側対立仮説　151
累積分布関数　50
連続型確率変数　76

ワ　行

和事象　30

著者略歴

岩佐　学（いわさ　まなぶ）
　1963年　長崎県生まれ
　1987年　九州大学理学部数学科卒業
　1989年　九州大学大学院理学研究科修士課程修了
　現在　熊本大学大学院自然科学研究科准教授　博士（数理学）

薩摩順吉（さつま　じゅんきち）
　1946年　奈良県生まれ
　1968年　京都大学工学部数理工学科卒業
　1973年　京都大学大学院工学研究科博士課程単位取得退学
　現在　東京大学名誉教授　武蔵野大学名誉教授　工学博士

林　利治（はやし　としはる）
　1960年　大阪府生まれ
　1983年　大阪大学理学部数学科卒業
　1988年　大阪大学大学院基礎工学研究科後期課程満期退学
　現在　大阪公立大学大学院情報学研究科准教授　工学博士

理工系の数理　確率・統計

| 検印省略 | 2018年11月25日　第1版1刷発行 |
| | 2023年2月10日　第2版1刷発行 |

定価はカバーに表示してあります．

著作者　　岩佐　　学
　　　　　薩摩　順吉
　　　　　林　　利治

発行者　　吉野　和浩

発行所　　東京都千代田区四番町8-1
　　　　　電話　　03-3262-9166(代)
　　　　　郵便番号　102-0081
　　　　　株式会社　裳華房

印刷所　　三美印刷株式会社
製本所　　牧製本印刷株式会社

一般社団法人
自然科学書協会会員

JCOPY　〈出版者著作権管理機構　委託出版物〉
本書の無断複製は著作権法上での例外を除き禁じられています．複製される場合は，そのつど事前に，出版者著作権管理機構（電話03-5244-5088，FAX03-5244-5089，e-mail: info@jcopy.or.jp）の許諾を得てください．

ISBN 978-4-7853-1574-0

© 岩佐 学，薩摩 順吉，林 利治，2018　Printed in Japan

理工系の数理 シリーズ

薩摩順吉・藤原毅夫・三村昌泰・四ツ谷晶二 編集

「理工系の数理」シリーズは，将来数学を道具として使う読者が，応用を意識しながら学習できるよう，数学を専らとする者・数学を応用する者が協同で執筆するシリーズである．応用的側面はもちろん，数学的な内容もきちんと盛り込まれ，確固たる知識と道具を身につける一助となろう．

理工系の数理　微分積分 ＋ 微分方程式

川野日郎・薩摩順吉・四ツ谷晶二 共著　A5判／306頁／定価 2970円

現象解析の最重要な道具である微分方程式の基礎までを，微分積分から統一的に解説．

理工系の数理　線形代数

永井敏隆・永井 敦 共著　A5判／260頁／定価 2420円

初学者にとって負担にならない次数の行列や行列式を用い，理工系で必要とされる平均的な題材を解説した入門書．線形常微分方程式への応用までを収録．

理工系の数理　フーリエ解析 ＋ 偏微分方程式

藤原毅夫・栄 伸一郎 共著　A5判／212頁／定価 2750円

量子力学に代表される物理現象に現れる偏微分方程式の解法を目標に，解法手段として重要なフーリエ解析の概説とともに，解の評価手法にも言及．

理工系の数理　複素解析

谷口健二・時弘哲治 共著　A5判／228頁／定価 2420円

応用の立場であっても複素解析の論理的理解を重視する学科向けに，できる限り証明を省略せずに解説．「解析接続」「複素変数の微分方程式」なども含む．

理工系の数理　数値計算

柳田英二・中木達幸・三村昌泰 共著　A5判／250頁／定価 2970円

数値計算の基礎的な手法を単なる道具として学ぶだけではなく，数学的な側面からも理解できるように解説した入門書．

理工系の数理　確率・統計

岩佐 学・薩摩順吉・林 利治 共著　A5判／256頁／定価 2750円

データハンドリングや確率の基本概念を解説したのち，さまざまな統計手法を紹介するとともに，それらの使い方を丁寧に説明した．

理工系の数理　ベクトル解析

山本有作・石原 卓 共著　A5判／182頁／定価 2420円

ベクトル解析のさまざまな数学的概念を，読者が具体的にイメージできるようになることを目指し，とくに流体における例を多くあげ，その物理的意味を述べた．

裳華房　https://www.shokabo.co.jp/　※価格はすべて税込(10%)